特养技术
轻松致富
梅花鹿
养殖
简单学
◎徐佳萍 苏伟林 主编
中国农业科学技术出版社

图书在版编目（CIP）数据

梅花鹿养殖简单学 / 徐佳萍，苏伟林主编．—北京：中国农业科学技术出版社，2015.1

ISBN 978－7－5116－1143－7

Ⅰ．①梅…　Ⅱ．①徐…②苏…　Ⅲ．①梅花鹿－饲养管理　Ⅳ．①S865.4

中国版本图书馆 CIP 数据核字（2014）第 306475 号

责任编辑　朱　绯　穆玉红
责任校对　贾晓红

出 版 者　中国农业科学技术出版社
北京市中关村南大街 12 号　邮编：100081
电　　话　(010)82106626(编辑室)　(010)82109704(发行部)
(010)82109709(读者服务部)
传　　真　(010)82106626
网　　址　http://www.castp.cn
经 销 者　各地新华书店
印 刷 者　北京富泰印刷有限责任公司
开　　本　850mm×1 168mm　1/32
印　　张　4.875
字　　数　123 千字
版　　次　2015 年 1 月第 1 版　2015 年 1 月第 1 次印刷
定　　价　16.80 元

《梅花鹿养殖简单学》编委会

主　编： 徐佳萍　苏伟林

副主编： 涂剑锋　杨　颖　荣　敏

编　者（按姓氏笔画排列）：

于　淼　王世勇　王桂武　宁浩然

冯云阁　邢秀梅　朱洪伟　刘汇涛

刘华淼　刘艳环　李一清　李彩虹

吴　琼　耿业业　高志光　唐福全

崔学哲　鞠　妍

目　　录

第一章　梅花鹿养殖投入轻松算

一、梅花鹿养殖场建设

梅花鹿养殖场的建设主要包括场址的选择、鹿场的建设布局和鹿群的选择等几个方面。

（一）选址

鹿场场址的选择是鹿场建设的首要条件。选择场址应以自然环境条件适合于梅花鹿的生物学特性为宗旨。场址选择、场区布局及鹿舍建筑是否合理，不仅关系到鹿群的健康，对鹿场的发展和经营管理的改善也具有重要影响。需要考虑的条件如下。

1. 地形、地势和土壤条件

如在平原地区建设鹿场，应选择地势高、干燥、向南或偏向东南、背风向阳、沙质或沙石土且排水良好的地方建场；如在草原地区建场，要选择地势高、干燥、水源充足的地方建场，应当注意，为缓解西北风侵袭，在鹿场西北方向需要建防护林带作为屏障；如选择在江河沿岸建场，场区最低点必须高于江河的最高水位线，注意的是不要建在水库下方，以免受到洪水的危害。需要特别注意的是山区建场要选在不受山水威胁、背风向阳、排水良好的地方。

2. 饲料来源

发展养鹿的基础条件是具有充足饲料的基地，因此，鹿场附近的饲料来源是能否建场的首要条件。鹿场最好有足够的饲料地或者有可靠的供应各种饲料的基地。在建场之前，必须对放牧场植物学和饲料产量进行调查。

在山区和半山区建场应具备下列条件：可供砍伐枝叶和搂取树叶的高龄柞林面积大，适于各季节放牧的疏林地、荒地和草甸以及可供采草的次生林、灌木林和草地的面积大且要有充足的可开垦的荒地。草原地区鹿场的饲料基地包括放牧场和充足的采草场，同时要有相当面积的耕地，以满足青贮、多汁饲料和精饲料的供应，应做到耕地、牧场、采草场全面规划和统筹安排。鹿场到放牧场应设有专门的通道，放牧通道不宜穿过农田、住宅区和村屯，以利于保护农田，保证鹿群的健康。按舍饲与放牧相结合的驯养方式，平均每年每只茸鹿所需的草场与耕地面积。例如，每只梅花鹿每年平均需精饲料400千克、粗饲料2 000千克左右；每只马鹿每年需精饲料600千克、粗饲料4 000千克左右。如果进行放牧，每只梅花鹿需要牧场1公顷左右，马鹿1.5公顷左右。放牧场和采草场面积因各地植被、坡度及鹿的种类、数量等具体情况不同，其载畜量和需草差异很大，应视具体情况而定。

3. 水源

水源条件选择也是鹿场建设的重要条件，建场前要对场内的地下水位、自然水源、水量和水质进行必要的勘测和调查，并对水质进行理化和生物学检验，了解水中无机盐的含量。井水或泉水的水量应以枯水期能满足生产和生活用水的需要为标准。江河等地上水源因流经的环境复杂，已被污染，应避免使用。

4. 交通与电力条件

梅花鹿场选择地点应具有比较便利的交通条件，以距离公路1.0～1.5千米或距离铁路5.0～10千米为宜，便于设备、饲料的供应和产品的运输，便于职工生活，同时距离电源要近，保证充足的电力供应。

5. 鹿场周围环境条件

鹿场的场址不应该选择在工矿区和公共设施附近，不要在被牛羊传染病污染过的地方或畜牧场旧址上建场。鹿群要有单独的放牧场和草场，尽量不要与牛羊混合放牧。鹿场要建在当地居民区的下风向、下水向 3 千米以上的地方，避免各种复杂环境对鹿群造成惊扰或发生传染疾病。此外还要注意场址附近的资源条件，如建材是否方便、劳动力是否充足等。总的来说，需要考虑的建场原则主要有以下几方面。

（1）首先应从梅花鹿的保健角度出发，以建立最佳生产和卫生防疫条件为主，尽可能把场地中最好的地段用做管理区和居住区，其次以生产区、病鹿管理区顺序安排。并要考虑好道路规划和绿化设计等方面。

（2）要做到节约用地，尽量少占或不占耕地。鹿场建筑物之间的距离在考虑防疫、通风、光照、排水、防火要求前提下，尽量布置紧凑整齐。

（3）规划大型集约化养鹿场时，将各功能区进行合理的配置，防止相互交叉和混乱，同时应当全面考虑废弃物的处理和利用。

（4）根据当地自然地理环境和气候条件，合理利用地形地势。如利用地形地势解决冬季挡风防寒、夏季自然通风、采光、排水。尽可能利用原有的道路、供水、通讯、供电线路和建筑物等，以减少资金投入。

（5）保证各功能区有进一步发展和扩建可能性。

（二）鹿场的建筑布局

根据鹿场的经营特点、发展规模和饲养数量，结合场地的风向、水向、坡度和饲养卫生等要求，应对鹿场的各种建筑物进行合理配置，做到位置适当，朝向正确，距离合理，以保证鹿群的健康发展和生产操作方便。

专业鹿场一般分为养鹿生产区、辅助生产区、经营管理区和职工生活区。养鹿生产区建筑包括鹿舍、精粗饲料库、饲料加工调制室、青贮窖（壕）、鹿茸及其他鹿产品加工室、兽医室及其他副业生产用的建筑。辅助生产区包括农机库、役畜舍等。经营管理区的建筑包括办公室、物资仓库、集体宿舍、食堂、招待所。有条件的鹿场建设职工生活区，无条件可以建设简单的职工活动区域。鹿场建筑最好在东西宽广的场地安排，按照生活区、管理区、辅助区、养殖区依次由西向东平行排列，或向东北方向交错排列。如果场地南北方向狭长，则应自北向南或向西南方向排列。总之，养鹿生产区应建在下风处，经营管理区应建在上风处。管理区距离养鹿区不少于200米，各区内的建筑物之间应保持一定距离，不宜过于密集。通往公路、城镇、农村的主干道路要直通经营管理区，不能先经过养鹿生产区再进入经营管理区，应有直达养鹿生产区的道路，以便于饲料的运输。养鹿生产区内建筑布局应该遵照鹿舍在中心，采用多列式的方式。

1. 养鹿生产区

(1) 鹿舍（图1－1）

鹿舍是养鹿场的主要生产建筑，其作用是保证鹿集群，防止逃跑，冬季躲避严寒风雪，夏季遮蔽炎日风雨，是鹿完成正常生产活动的场所。鹿舍的设计和建筑要符合鹿的生物学特性和生长发育的需要。

鹿舍分为公鹿舍、母鹿舍、育成公鹿舍、育成母鹿舍、仔鹿舍和病鹿舍等。鹿舍建筑包括圈舍、寝床、运动场、围栏、产圈、保定圈等。鹿舍及其运动场的建筑面积因鹿的种类、性别、年龄、饲养方式、地区、经营管理体制、种用价值和生产性能的不同而各异。母鹿舍在配种期要进入种公鹿，母鹿在哺乳期与仔鹿在同一个圈舍，且圈舍设有产房、仔鹿保护栏等，所以妊娠母

图1－1　梅花鹿鹿舍

鹿的圈舍应大些，舍饲与放牧相结合的鹿群占用面积可小些，种用价值高和生产性能高的壮龄公鹿，应单独用大圈或小圈；光照强、风雪大、寒冷的地方，其棚舍宽度要加大，个体养鹿户的鹿舍面积可小些，但配种圈应保证有足够大的运动场。近年来，鹿舍的建筑面积比过去明显增大，其棚舍一般长为14～20米、宽为5～6米；运动场长为25～30米，宽为14～20米，这种标准的鹿舍可以养殖公梅花鹿20～30只或母梅花鹿15～20只，或育成期梅花鹿30～40只。如运动场长40米左右时，可养殖离乳梅花鹿60～80只。

鹿舍的光照应充足，一般为三壁式砖瓦结构的敞门棚舍，“人”字形房盖，前面无墙壁，仅有圆形水泥柱，前房檐距离地面2.1～2.2米，能保证阳光直射到舍内，有利于保证舍内干燥卫生。后檐距地面1.8米左右，棚舍后墙留有高窗，大小与形状因地而宜，要有窗扇并安装铁栅栏，冬季关上，春、夏、秋季打开，保持棚舍通风良好，气温恒定，易于排除污浊的空气。

鹿舍的围墙（图1－2）外墙基深1.6～1.8米、宽60厘米。梅花鹿围墙高度为1.8～2.1米，墙厚24厘米，每隔3～5米要有墙柱，以加固结实，防止变形坍塌，内墙可以稍低一些，墙基明石高度为30～60厘米，上砌石砖墙到1.2米，以上砌花砖墙，墙头应设檐，并用水泥抹成脊形。有些鹿场的围墙是用木杆围成，但必须坚固，以防被大风刮倒。

图1-2　梅花鹿鹿舍围墙

（2）运动场

鹿场运动场（图1-3）一般采用平砖、卧砖或混凝土铺实，保证坚实耐用、地面平整，便于排水和清扫，但是其缺点是易损伤鹿蹄，夏热冬凉，对鹿的健康有一定影响，也可以适当放牧（图1-4）。

图1-3　梅花鹿运动场

（3）寝床

鹿场寝床用砖铺地，再铺垫20～30厘米的黏土或砂砾三合土夯实。保证坚实、干燥、排水良好，优点是有利于清除粪便，

图1－4　放牧的梅花鹿鹿群

缺点是不利于鹿的四肢发育。

（4）供水设备

鹿场的水井应该位于鹿舍、调料室附近地势较高处。建设大型贮水池（塔），配置潜水泵，通过管道向鹿舍和调料间送水。

（5）饮水槽

为保证鹿群在冬季能饮到温水，需要用铁板焊成长 200 厘米、宽 60 厘米、深 35 厘米的长方形水槽或将铁锅固定在炉灶上，冬季可在鹿舍内加热温水供鹿饮用，保证饮用水不上冻。春、夏、秋季使用的水槽可用石槽、水泥槽或铁槽，应设在鹿场运动场前壁下方，便于上水。水槽上缘距地面 80 厘米左右。为了节省材料，也可将水槽置于两个圈舍之间供相邻两舍鹿群饮用。在水槽上口处的围墙一侧留入水口，以便于饲养员在走廊注水。鹿舍内的炉灶一定要坚固，以防公鹿破坏。炉灶烟囱高 1.2～1.5 米，灶门能关闭。

（6）料槽（图1－5、图1－6）

料槽可使用石槽、水泥槽或木槽。水泥槽沉重、坚固，且安全耐用，但在制作时内壁一定要抹光滑，并在槽头留一个排水口，以便于清扫洗刷。采用木槽时，安装要牢固。料槽最好安放在前墙钢筋栅栏的下方或纵向固定在运动场中间，不宜放在棚舍内。一般料槽 4 ~ 5 米、上口宽 60 ~ 80 厘米，底为圆弧形，深 25 ~ 30 厘米，料槽底部距离地面 30 ~ 40 厘米，这样的料槽可喂成年鹿 10 ~ 15 只，幼鹿 20 ~ 30 只。

图 1 –5　梅花鹿料槽

图 1 –6　梅花鹿料槽

（7）排水

鹿场排水主要是排除剩余饮用水、卫生用水、聚积的雨水和粪尿污水等。由圈外到走廊，再从走廊到运动场，最后到鹿舍（寝床），应逐渐加高，使其具有 3° ~ 5°的坡度，以便污水和粪尿能通畅排出舍外，汇入墙外地下排水渠，最后汇集于蓄粪池中。在各栋走廊里最好设有用砖砌成并加盖的通往蓄粪池的排水沟。为了保证舍内地面平整，地面要铺砖。地下水位高、易翻浆的地方最好铺上预制的水泥板，或用白灰、黏土和沙砾混合成三合土夯实地面。

（8）走廊

在每排鹿舍运动场前壁墙外应该设有 3 ~ 4 米的通道，供鹿出牧、归牧及饲养员运送饲料和拨鹿用，也是防止跑鹿、保证安全生产的防护设备。前栋鹿舍的后壁墙为后栋鹿舍走廊的外墙，每个走廊两端设有 2.5 米的大门。

（9）腰隔（图 1 –7）

在母鹿舍和大部分公鹿舍寝床前 2 ~ 3 米处的运动场上，应该建设一道活动的木栅栏，或筑有花砖墙，平时敞开，拨鹿时将栅栏两侧或中间的门关闭，与运动场隔开，这样，圈棚间和运动场间形成两条拨鹿通道，在腰隔的一边留门，供舍内外拨鹿用。

图 1 –7　腰隔

（10）圈门（图 1 –8）

鹿舍前圈门应设在前墙一侧或中间，宽为 1.5 ~1.7 米、高为 1.8 ~2.0 米。运动场之间的腰隔门距离运动场前墙约为 5 米。圈棚间的门设在中间或前 1/3 处，宽为 1.3 ~1.5 米、高为 1.8

米。每栋鹿舍的每 2 ~ 3 个圈留有 1 个后门通往后走廊，也有一些鹿圈都留后门的，以便于拨鹿和管理。门用钢筋骨架铁皮制作，1.5 米以下封严，1.5 米以上留有观察孔。

图 1-8　圈门

（11）产圈

产圈是供母鹿产仔和对初生仔鹿进行护理的圈舍，平时也可以用来饲养和管理老弱鹿。最好把产圈建在鹿舍中较僻静、平时鹿又好集散的一角。产圈一般为面积 9 ~ 12 平方米的木制小圈，设有简易的防雨、雪棚顶，棚下应有干燥的寝床。产圈以 2 ~ 3 个相连为好，之间有相通的门，并分别通往两侧的运动场或鹿舍。

（12）仔鹿保护栏

仔鹿保护栏是确保初生仔鹿安全成活的关键设备。通常用高为 1.2 ~ 1.3 米、粗为 4 ~ 5 厘米的圆木杆或铁筋制成间距为 12 ~ 13 厘米的栅栏，再用 4 ~ 5 根立柱固定于房架上。栅栏距离鹿舍北墙根 1.4 米，栅栏一端或两端设有小门供人员进出检查护理、治疗、补饲时用。有条件的鹿场，若能设带棚的栅栏，使保护栏内较黑暗，可防止大鹿跳进，对保护初生仔鹿的安全效果尤佳。

保护栏清扫消毒后，撒上石灰或草木灰，再铺上较厚的柔软洁净的干垫草。

(13) 保定设备

鹿场的保定设备包括锯茸保定设备，如吊圈；母鹿难产助产的保定设备，如助产箱，鹿的疾病治疗和人工授精（采精和输精等）的保定设备。

(14) 备用圈

备用圈是指供种鹿配种和护理鹿使用的圈舍。一般没有固定的标准，根据每个鹿场的需求建设。

2. 饲料生产区

包括以下几方面。

(1) 粗饲料棚

粗饲料棚主要用于贮存干树叶、豆荚皮、铡短的玉米秸、鲜枝叶和杂草等粗饲料。粗饲料棚应建在地势干燥、通风排水良好、地面坚实、利于防火的地方，设有牢固的房盖，严防漏雨。饲料棚举架要高些，以利于车辆直接进出。棚的周围用木杆或砖石筑成，在一端或中间留门。一般棚长30米、宽8米、高5米，可贮存树叶50吨。粉碎机或铡草机可安装于棚内或棚的附近，以便于加工饲草。

(2) 精饲料库

精饲料库为贮存精饲料的仓库，应该建设在干燥、通风、防鼠的地方，仓库内应设有存放豆饼、豆粕、麦麸、大豆和各种谷物的地方，以及放置盐、骨粉和特殊添加剂的隔仓或固定小间。饲料库每间面积约100～200平方米，间数视饲养规模而定。

(3) 饲料加工室和调料室

饲料加工室应设在精饲料库附近和调料室之间。室内应为水泥地面，设有豆饼粉碎机等饲料加工设备。调料室要作到保温、通风、防鼠、防蝇。室内应为水泥地面，有自来水供应，主要设备包括有泡料槽、料池、盐池、骨粉池、锅灶、豆浆机等。

（4）青贮窖和饲草存放场

青贮窖是用来贮存青绿多汁饲料的基础设备。青贮窖有长形、圆形、方形；半地下式、地下式、塔式等多种。以长形半地下式的永久窖较为常见。窖内壁用石头砌成，水泥抹面其大小主要根据鹿群规模而定。容量则取决于青贮饲料的种类和压实程度。饲料存放场主要是贮存秋冬春三季用的粗饲料。存放的粗饲料要垛成堆，垛周围用土墙或以简易木栅围起，用砖围墙更好。严防火灾和畜生糟蹋污染。树叶可以打包成垛放，玉米秸不干又逢连阴雨时，不要堆成垛，码成堆即可。青贮玉米秸压实后，每立方米重500～600千克。

（5）饲料加工机械设备

鹿场常用的机械设备有汽车、拖拉机或链轨拖拉机、豆饼粉碎机、磨浆机、玉米粉碎机、大豆冷轧机、青饲料粉碎机、青贮或青绿饲料粉碎机、块根饲料洗涤切片机、潜水泵、5～10吨地中衡、真空泵、鼓风机、电烘箱、冰柜、烫茸机、电扇、鹿茸切片机、电动机等。

3. 鹿茸加工室

鹿茸加工室包括炸茸室和风干室。一般设在地势高、干燥、通风良好、距离鹿舍较近的地方。应备有安全设施，除加工鹿茸外，鹿的副产品加工也在这里进行。

（1）炸茸室

要求房顶设有排气孔，通风良好，直接通往风干室。炸茸室的设备主要有真空泵、炸茸锅灶（或烫茸器）、烘干箱、操作台等。其面积在70平方米左右，房顶设有排气孔，室内通风良好。

① 炸茸锅

炸茸锅可用100 #的铁锅或铝板焊制的长方形槽，一般规格为120厘米×90厘米×60厘米，槽底设有排水孔，锅台应比锅口高一些，并抹上水泥面。近年来，中国农业学院特产研究所与永吉县科技仪器设备厂共同研制出代替大锅炸茸用的烫茸器箱体规格为500毫米×600毫米×670毫米，电压为380伏，功率为6千瓦，可自动控温，操作方便，节约能源，减轻加工人员的劳动强度，并改善了加工室的作业条件。

② 烘干箱

烘干箱是烘烤鹿茸的主要设备，有土烤箱、电烤箱和远红外烘干箱3种。各种烘干箱性能的共同要求是：升温快，温度恒定、均匀，保温性能好，并且有排湿、调湿设置。土烤箱是在炸茸锅烟道上装上箱罩而成，锅灶停火或温度不足时可以烧箱底下的壁炉以补充热量。土烤箱升温较快，散热力也较强，但因控温和恒温较难，所以目前大多数鹿场已不再使用。电烤箱升温快，保温性能好，控温也方便，但是其排湿性能差，影响鹿茸的干燥速度，所以，加工鹿茸时也很少使用。远红外线烘干箱效果最佳，远红外线是一种高频电磁波，波长30～50微米，用其制做的烘干箱能使茸体内的水分快速脱掉，功效高，节省能源。

（2）鹿茸风干室

鹿茸风干室（图1－9、图1－10）是用于风干鹿茸的场所。为取送鹿茸方便，风干室应直通炸茸室。为了免受炸茸室烟熏火烤与蒸汽之害，风干室应设在炸茸室的上风处。风干室内要求干燥、通风，备有防蚊、蝇等设施，四周装有宽大窗户，室内设置存鹿茸的台案和挂茸的吊钩，或贮茸箱柜或烘干箱，有条件的鹿场，最好再增设防盗报警设备。当前，大多数鹿场建有加工楼，第一层楼做炸茸室，第二层楼做风干室，这样，通风问题就得到很好的解决。

图 1－9　二杠鹿茸

图 1－10　鹿茸烘干室

（三）鹿场规模及鹿群组成

我国的鹿场多为饲养 500～1 000只梅花鹿的中型鹿场，饲养 200～500 只梅花鹿的小型鹿场也不少，而饲养 1 000～3 000只的大型梅花鹿场较少。近年来，个体养鹿场正在兴起。

鹿场应以养鹿为主，同时应根据当地具体条件适当开展多种经营，如种植饲料玉米、水稻，经营山场用来种植林木、果树和中药材，开发酒厂、药厂等。鹿场的规模大小应根据当地的自然环境、社会经济条件和鹿场本身的具体情况而定。发展中的鹿场以迅速增值扩大鹿群为主，母鹿所占的比例要大一些；定型的鹿场应以不断提高鹿群质量和产茸量为目标，因此，公鹿应占很大比例，繁殖母鹿群要适宜，一般占25%左右，以保证鹿群的补充与更新。鹿场要制订发展规划，确定每年鹿群周转计划和生产计划。通过对吉林省典型国营鹿场现行鹿群结构为基础进行研究，已经确立东北梅花鹿1 000只定型鹿场获得最大经济效益的最佳鹿群结构的数学模型。其鹿群结构公鹿占76.0%（其中仔公鹿占5.8%，育成公鹿占6.93%，成年公鹿占61.74%），母鹿占24.0%（其中，仔母鹿占2.92%，育成母鹿占2.52%，成年母鹿占18.56%）。

（四）鹿场的劳动组织和饲养管理

鹿场一般由场长主管业务，下设技术科、兽医室、生产队、财务室和副业队。生产队由专职或兼职的队长负责，下辖成年公鹿、成年母鹿、幼鹿等3～4个班组。最好由鹿场核心骨干成员集体承包全部鹿场，并分别承包鹿业技术管理鹿业队及其各班组。饲养管理人员每人承包饲养鹿只定额：梅花鹿成年公鹿80～120只，成年母鹿100只左右，育成鹿或仔鹿120只左右。承包鹿茸加工的人员，加工砍锯茸在200副架以上的，定额为100副架1人，不足200副架时设2人。个体养殖户的鹿茸多由附近鹿茸加工站（点）负责，按照鹿茸的规格验收、锯茸、加工和代销。养鹿生产队的每名成员，在生产上除了重点做好产茸期拨鹿锯茸、产仔期母仔鹿护理、配种期组织公母鹿配种和看管好所有种鹿之外，主要的日常工作有观察和检查鹿群鹿只、喂饲给水、清扫和检修圈舍及其设备、调教和驯化鹿只、做好各项生产记录和统计报表及落实卫生防疫措施等。

（五）各规模梅花鹿养殖场建设

1. 小型梅花鹿场建设

以存栏 500 只以下的梅花鹿场为小型鹿场。小型鹿场（图 1－11）由于规模相对较小，对于用地和建筑要求并不大，可以根据自己的实际情况对相应设施进行取舍。但一般说来，门卫室、饲料加工室是必备的。

图 1－11　小型梅花鹿场

2. 中型梅花鹿养殖场建设

500～1 000只的鹿场我们认定为中型梅花鹿养殖场（图 1－12）。以养殖 500 只梅花鹿的鹿舍布局为例，东西各并列 1 栋，南北 3～4 栋，鹿舍坐北朝南，正面朝阳。运动场设在南面或东南面，避开主风方向，保证光照充足。鹿舍各栋之间应有宽敞的走廊，以便于拨鹿和驯化。精料库、粉碎室、调料间应衔接，便于饲料加工。青贮窖（壕）、粗饲料棚、干草垛安排在鹿舍的上坡或平行的下风处，以便于取用，也有利于防火及避免粪便污染。粪场的位置应在本区一切建筑物的下风处，与鹿舍距离应在50米以上，以有利于卫生防疫。若圈养放牧时，鹿舍应直通放牧道。

图1－12　中型梅花鹿场

3. 大型梅花鹿养殖场建设

1 000只以上的鹿场我们认定为大型梅花鹿场。养鹿生产区、辅助生产区、经营管理区和职工生活区这四个区域是必备的。由于需要足够的人手和物料，物资仓库、集体宿舍、食堂、招待所、家属住宅、卫生所、学校、托儿所、商店等都是必备的。

二、梅花鹿的选种

我国具有丰富的梅花鹿资源和优良的地方品种，只有做好选种和育种工作，才能充分发挥地方资源优势。对养殖场而言，可以增加养殖场的收益。小型和中型鹿场由于资金限制，也可以引进中等或中等偏上的鹿作为种鹿，即母鹿年龄5～6岁以下，种公鹿年龄4～5周岁（3～4据），鲜茸二杠1.5千克以上，三杈3.5千克以上，最低也不能低于3千克。

对梅花鹿进行选择，可以使整个鹿群的质量得到提高。对于梅花鹿个体的不断改善，才能逐渐使整个种群的质量从根本上得到提高。引种要选择具有育种资格的信誉好的正规育种场，并且不能只看重种公鹿的挑选而不注重种母鹿的挑选。

（一）梅花鹿选种原则

1. 梅花鹿的群体选种和个体选种原则

（1）群体选种原则

通过以下几种方法进行选种：根据梅花鹿的谱系进行选择，选择那些父代和祖父代都是优良品种的后代作为备选对象。根据家系谱系进行选择，主要是根据整个家族的平均评分值作为参考，因为家系的平均值基本可以代表家系内个体的好坏优良。根据同代的同胞资料进行选择，利用同胞兄弟姊妹的评分值的高低来判断该个体性状的好坏，这对于谱系资料不全或不详细的个体而言，是一种有效的方法。根据个体的后代性状进行选种，但此法只适用于公鹿的选种。

（2）个体选种原则

个体选种对于中小型鹿场来说，由于鹿场规模小、资金不足等情况，若选错种鹿，那对于今后的生产必然造成较大的影响，直接影响鹿场的盈亏。所以对于中小型鹿场，建议通过个体进行选种，个体选种能直接观察梅花鹿个体的形态特征、产茸性能等。可以根据本鹿场的生产要求和资金储备，合理选择适合本鹿场的鹿，并对其进行引种。

2. 种鹿选择原则

（1）种公鹿选择

种鹿的选择上，虽然公鹿和母鹿都需要重视，但是养鹿主要是为了获取鹿茸等鹿副产品，而公鹿是鹿茸的直接生产者，所以公鹿的好坏直接影响着养殖场的经济效益，在选种过程中，要特别注意种公鹿的选择。

种公鹿（图1－13）的选择应符合相关标准的要求进行；公鹿的体质外貌往往能反映一个种群的类型特征，并且体型好的鹿产出的茸的质量好产量高，所以必须挑选体质外貌好的种公鹿。即具有梅花鹿的典型特征，明显雄性型，体质健壮，结实、有悍威、精力充沛，体型匀称，全身皮肤无褶皱，生殖器官正常、发育良好，被毛有光泽，毛色遗传具有品种特征，眼大明亮，结构良好，有坚强的骨骼和强健的肌肉；种公鹿应该具有角柄粗圆、端正，茸型等品种特征，茸型美观整齐，左右对称，角杈排列匀称，主干粗，嘴头肥大，分支发育良好，鲜三杈茸产量应在4千克以上；种公鹿最好是在鹿茸生长季节进行挑选，此时挑选鹿茸的大小、好坏都一目了然，鹿场应根据本场鹿种的特征特性、类群的生产水平和公鹿头数，从鹿群中选择高产茸质量好的公鹿作为种用公鹿。种公鹿的产茸量应比本场同年龄公鹿的平均单产量高20%～35%，在注重产量高的同时还应注重茸的品质是不是也是非常优良的，必须选择出鹿茸产量高、质量好公鹿作为种公鹿。选择种公鹿还要以体尺、体重等作为选择的依据，要看其出生、6月龄、12月龄的重量，每日增加的重量及第一次配种时的重量，还有角基距、胸围、肩高等指标也要作为一定的参考。挑选种公鹿还要注意鹿的采食能力，一般选取采食能力强的鹿，种鹿还应性欲旺盛，发情配种早，配种能力强。选择耐粗饲、适应性强、抗病力强、遗传力强的后代作为种用；挑选种鹿时，最好是挑选谱系清楚的种鹿，不仅种鹿本身优良，其祖辈和子代也应该是优良品种，因为它们的祖代品种好，在一定条件下，其遗传基础也一定比较好，则它们的后代表型也一定会较好，这样也有利于保证后代基因优良。最好能根据其后代的表型来评定其遗传性能。

梅花鹿的自然寿命一般为20～25年，在我国茸用公鹿的利用年限最长不宜超过15年。4～10岁的公鹿三杈茸和二杠茸产

图1－13 梅花鹿种公鹿

量呈逐年增加的状况，当公鹿10岁时则基本达到最大值，此后则表现为逐年减少。这样种公鹿最优年龄为5～8岁，大于9岁原则上不应该参加配种。所以种公鹿应选择年龄在3～7周岁的，个别优良的也可选择8～10岁的作为种鹿，种公鹿不足或者限于养殖场资金问题的，也可以挑选部分4周岁的公鹿，要尽量利用种公鹿的配种年限和生产技能，从而获得较多较大的梅花鹿副产品，同时生产出优良的后代。

（2）种母鹿选择

母鹿是子代的直接生产者和哺育者，所以种母鹿的选择对于后代生产性能的影响是十分重要的。选择优良的母鹿，能提高种群的繁殖力，对于扩大种群的数量和质量是至关重要的。

种母鹿的选择应符合相关标准的规定；母鹿的生产年限原则上一般不应该超过10年，所以种母鹿的年龄应该在3～8周岁的壮龄母鹿中选择，个别个体或不同品种也可根据实际情况改变种用年限，但对于已经产7胎以上的老弱母鹿应该坚决予以淘汰；种母鹿应该具有本品种体型特征，皮肤紧凑，体型适宜，结构匀称，体质健壮，四肢尤其是后躯发达有力，额宽、颈粗、代谢旺盛，乳房发育良好，乳头发育正常且分布均匀、大小适中，无盲乳头，繁殖力高，生殖器官正常、发育良好，母性强，性情温顺，泌乳力大，无流产或难产现象。种母鹿体质结实，身体健康。具有良好的繁殖力。对于年老体弱，有病，体型不好或繁殖力差的母鹿坚决不能选择。不管是小型还是大型鹿场都不能图便宜，贪图一时便宜只会得不偿失而造成更大的损失。

（3）后备种鹿选择（图 1－14）

养殖场通常还会引进适宜仔鹿，即优良种鹿哺育的小鹿，由本鹿场饲养长大，预备作为种鹿。后备种鹿必须选择优良公母鹿繁育的后代，且生长发育正常，强壮健康，无疾病，轮廓清晰，四肢发育良好。对于不能自己采食初乳的仔鹿不能进行选择，要严格淘汰。仔鹿的体尺体长体重等要符合正常仔鹿的情况，不能过长过重，也不能过短过轻。

图 1－14　梅花鹿后备种公鹿

仔公鹿出生后第二年长出初角茸，此时可以根据其生长情况和茸型等初步判定以后鹿茸的生长情况，并可以把这一结果作为早选的一个依据。

选择后备种鹿的优势在于小鹿在该鹿场长大，适应鹿场的饲养方式和周边环境，更有利于发挥种鹿的作用。小型鹿场尤其可以选用此种方法引种，因为这样可以大大降低前期投入成本，但是不利的一点是这样在后期投入的饲养成本较大。所以鹿场在选择引种时，既要考虑前期投资，又要考虑后期投入。

对于已经选做后备种鹿的仔鹿，要加强培育和管理，使其能尽量充分发挥优良的遗传性能。种用价值高的后备种鹿才可利用其进行繁殖，若种用价值较低则要坚决进行淘汰。因为即使是优良的种鹿也不一定产生的后代就一定优良，后代品质的好坏不仅取决于双亲的品质，还取决于多方面因素。

种公鹿群数量应不低于成年公鹿群的5%。在育成公鹿中选择优良个体组成后备种公鹿群，经培育和筛选，作为补充种公鹿群。生产公鹿群一般应占全群数量的65%为宜。

3. 其他原则

（1）对于鹿的产茸多少和品质好坏，要作为选择种鹿时的一个特别重要的性状。但选择产茸量和品质的同时，需辅以其他性状作为选种时的依据。不能从单一性状考量种鹿的好坏，要从多方面共同进行筛选。因为如果种鹿的繁殖力不好，或患有疾病等情况，即便其这一次的产茸较好，也未必代表其以后的产茸质量和品质也一样好。对于性状的选择，可以在要选择的多个性状中做排序，依其顺序进行选择；也可以对要选择的性状做出一个标准，按标准进行选择，对于有一个性状不合格的种鹿就予以淘汰；还可以综合上述两种方法，根据实际情况进行择优选择，即可以通过不同性状的重要程度，进行综合考量再进行选种。

（2）在选种工作中，也要注意选种的科学性。在选种工作前，要学习掌握不同性状的遗传规律，以及各性状之间的遗传关系等。然后根据不同的遗传规律，对不同性状采取不同方法进行选种。对于受环境因素影响较小的性状，例如，体型和外貌特征、茸型、毛色等，可以直接通过梅花鹿表型进行筛选，这对于从鹿群中淘汰不利性状具有较好的优势。对于怪角和瞎乳头这类性状，要坚决予以淘汰，以防止危害整个种群，使该性状扩散到整个种群。

（3）为了更好的做好繁殖工作，必须重视育种的各个环节，而其中最重要的就是选种工作的进行，其对育种的影响最为明显。选种工作进行前，一定要做出适合自己养殖场的选种方案，包括选种标准。选种个数、选种方法、资金额度等。选种方案确定下来后，就不可随意更改，尤其是不能因贪便宜而降低选种标准，除非选种方案存在严重错误时才能进行改变，否则在选种前所做的工作即失去了它的意义。

（4）选种前，在仔鹿期间就可以开始对种鹿的选择，一方面可以选出后备种鹿，另一方面则是在早期发现影响产茸量的性状。早选也是为了通过其父代和同胞的性状分析其是否优良，以便尽早的确定种鹿，提高种鹿利用年限。有资料显示，一般鹿出生后体重大，育成后体貌特征好、健康无疾病、椎茸重量大的幼鹿，其日后的产茸量一般都比较高。所以也可以通过这些性状特征，在早期对梅花鹿种鹿进行筛选。

（5）目前在鹿选种过程中，还可以通过测定一些生化指标，如线粒体含量、不同激素的含量等，以确定鹿的优良与否。还有用分子生物学技术从遗传物质的水平进行选种，此法必然能较准确的选出优良品种，但是，由于此方法技术和实验方案尚不成熟，且人们对此法也还不能完全接受和信任，所以该方法在生产实践中还没有得到普及应用。

（6）在选种时，要注意保持和发展本养殖场原有的优点，同时注意克服原有的缺点。但是，这是一项长期的育种工作，不能操之过急，要稳步的按照选种依据，选择一系列适合本养殖场的选种方案，逐步改进种群的特征。

（7）选种还要与选配结合起来，对于近亲繁殖比较严重的种群，特别容易出现体质下降、生产能力降低等情况。所以，在选种时，要严格控制近亲繁殖，使选种和选配相互促进、相互补充。

（8）选种固然重要，但是，选育则要建立在良好的培育和饲养管理条件下。如果没有良好的饲养管理条件，就算是最好的种鹿，也不能发挥其种鹿的优良生产性能，无法体现它的优势所在，甚至其优良特性还有可能会退化。这样的话，即便是选出再好的鹿，也达不到较好的选育结果。

（9）在选种工作时，要走出鹿茸产量高就是优良品种这一误区，鹿茸产量高只是优良品种的一个表现性状，鹿茸产量高的鹿并不一定是优良品种。选种时，要结合家谱、经济性状、外貌特征、生产性能和繁殖性能等进行选种。

（10）选种时，即使是高产的优良品种，若没有好的饲养管理条件也是不行的，曾有报道提到，鹿的高产基因占35%～40%，环境条件占60%～75%，只有良种良法同时具备才能高产。

（二）梅花鹿引种

在选种过程中，有的养殖场也从外地或国外将优良品种的鹿引入自己的养殖场。可以引进个体或引进一个品种群，直接将其推广并作为养殖场育种的种鹿，也可以用种鹿的精液或受精卵。但是外来引种，当引入到一个新环境下时，种鹿由于各方面都发生改变，容易造成梅花鹿对新环境条件和饲养管理条件的不适应。在这种情况下，就需要人为的将其再驯化，使其在新环境下能够正常的生产、繁殖和正常的生长发育，并且能保证其原有的优良性状。对于新引进的鹿的驯化途径，一般有两种：一是引进的个体进入新环境中，马上能适应新的环境，直接能融入到鹿群中，这种个体如果规范的对其进行饲养，则其后代在生长发育过程中也会越来越适应新环境，最终均融入大的种群中去。二是引入的个体对新环境产生了一系列不适应的反应，这种情况发生时，要尽量使其生活环境和饲养条件与其引入前的养殖场保持一致，对其饲养也要格外细心，时刻注意观察它的情况变化，然后做出合理措施，对于其后代的调节，可以通过与本养殖场的种鹿进行交配的方法，淘汰不适应的仔鹿，保留适应的仔鹿，然后经过不断的繁育使其能适应新环境，而又能保持原有的有利性状，最终也融入到新的种群中。

尽管引入外来物种对于养殖场内鹿群的繁育具有比较重要的作用，但是由于需要其对新的环境进行逐步的适应，所以在引种时还要注意以下几个方面。

（1）梅花鹿引种时，要考虑引入的鹿种或个体对当地的环境条件等的适应程度，能否人为较好的对其进行驯化，然后再进行引种。

（2）要特别注意必须选择种群中的优良个体，保证没有遗传疾病和不良特征，体质差、生产水平低和繁殖力差等不正常的鹿不能引入。在引种时，可以参考选种的条件进行引种。引入多个个体时，要避免所引进的个体间有亲缘关系。

（3）如果将温暖地区的鹿引入到寒冷地区，应在夏季进行引种。若是将寒冷地区的鹿引入到温暖地区，则应在冬季进行引种，这样有利于鹿对新环境的适应。

（4）梅花鹿引种时最重要的一点就是做好鹿的防疫工作，防止将疾病带入本养殖场内。检出有病的鹿，坚决不能让其进入养殖场内，否则必然造成巨大的经济损失。所引鹿应该经过检疫无结核、无布鲁氏杆菌病、无坏死杆菌病等疾病。

（5）梅花鹿引种最关键的是，要注意原有品种优良特性的保持，并注意克服原有的缺点和不足。这是一项长期的育种工作，不能操之过急，也不能盲目引入新品种。

（6）应以仔鹿和育成鹿为主，这样驯养能比较顺利，生产和种用年限也较长，投入少回本快。

对于新引进的种鹿，重点要做好饲养工作，由于每个鹿场的饲料都各有不同，所以在更换新场饲料时，要逐步进行，以便梅花鹿对新饲料有个适应的过程，避免直接换料造成梅花鹿消化不良、厌食等情况的发生。换料后也要保证梅花鹿饲料的营养水平保持不变，以免因降低营养水平而导致的产茸量下降或产仔率降低等情况的发生。

（三）各规模梅花鹿场选种

1. 小型梅花鹿养殖场选种

小型梅花鹿养殖场相对于中大型养殖场，品种选择较为灵活，可以对市场进行系统分析，以期充分了解市场行情，在有充分了解的前提下，可以尝试选择单一品种进行养殖，即只饲养单一品种。初购数量要根据实际情况而定，最重要的一点是看预算有多少，其次是公鹿和母鹿要选择合适的比例。

2. 中型和大型梅花鹿养殖场选种

中型和大型梅花鹿养殖场的品种一般则不建议单一品种的养殖，也可以对市场进行系统分析后，根据专业人士的意见，几个品种同时进行饲养，当然饲养数量则要根据市场需求来进行合理调配，多品种共同饲养还能够规避市场中存在的风险。中型和大型梅花鹿养殖场的初购数量的选择主要遵循的也是两个方面：第一是预算，预算多则可以相应的增加购买数量；第二根据鹿场的公鹿和母鹿比例，对购买种公鹿和种母鹿的数量也要合理调配。

第二章　熟悉梅花鹿小习惯

梅花鹿属于脊索动物门、脊椎动物亚门、哺乳纲、兽亚纲、真兽亚纲、偶蹄目、反刍亚目、鹿科、鹿属动物。目前世界上已经认定的梅花鹿亚种有13个，其中有些亚种已经濒临灭绝或已经灭绝。在我国有6个梅花鹿亚种，即东北亚种、华南亚种、四川亚种、台湾亚种、山西亚种和河北亚种。

梅花鹿主要分布在东亚地区。在中国、俄罗斯、日本、越南等地分布广泛，并且在这些国家人工饲养数量也较多。原本在我国台湾、浙江、广东、江西、广西和江苏都有野生梅花鹿的分布，但是现在只分布于皖浙地区、江西彭泽、四川若尔盖、甘肃南部、广西西南部、吉林长白山、黑龙江张广才岭、完达山和辽宁老爷岭地区及台湾的东山区。其中，以东北地区最多，如吉林的双阳、四平、东丰、伊通、辽源、蛟河、辉南，黑龙江的密山等，其次在北京、山西、天津、河北、河南、浙江、江苏等地也有饲养，但以东北地区发展较好，我国人工驯养的梅花鹿主要是东北亚种。目前，已经人工培育出双阳梅花鹿、西丰梅花鹿、四平梅花鹿、敖东梅花鹿和兴凯湖梅花鹿等多个品种。人工培育品种的主要特点就是生产能力强，遗传稳定性高等，对于实际生产具有重要意义。

梅花鹿是一种中型鹿，体型较马鹿小。公鹿肩高100厘米左右，体长100厘米左右，体重约120千克；母鹿肩高90厘米左右，体长小于100厘米，体重约70千克。梅花鹿轮廓清晰，额宽，角柄粗圆端正；面部长度适中；鼻平而细长，眼睛大而明亮，眼下有一对泪腺；耳稍长。皮肤无褶皱，躯干紧凑，四肢结实排列匀称，蹄大小适中端正。

梅花鹿毛色鲜艳，并随季节和生产条件的改变而发生变化。夏毛短，无绒毛，颜色以棕色或红棕色为主，较浅，此时被毛中白色斑点明显且大。秋末冬初时，梅花鹿夏毛脱落长出冬毛，冬毛厚密，颜色为栗棕色，较夏毛颜色深，白色的斑点变得不明显，有的则消失不见了，待第二年换毛时再长出新的白色斑点。

梅花鹿公鹿有角，母鹿无角。公鹿出生第二年即长出初角，产茸干重平均25～30克，第三年即分出杈角，发育完全后的角为四杈形角，一般不超过五杈。4月脱角，6月长出新角，配种前角生长完全，随后全部骨化。当梅花鹿长到3岁时，即开始能长出分叉，形成二杠型茸，4岁以后形成三杈型茸。人工养殖过程中，多利用的是二杠和三杈。

一、梅花鹿生活习性

梅花鹿具有爱清洁、喜安静、感觉敏锐、善于奔跑等特性，是在漫长的自然进化过程中形成的。这主要取决于环境条件——食物、气候、敌害等影响。梅花鹿喜欢生活在疏远地带、林缘或林缘草地、高山草地、林草衔接地带。这里食物丰实，视野比较开阔，对迅速逃避敌害保护自己有利。

梅花鹿喜欢在晨昏活动，活动范围不是很大。梅花鹿有季节性游动的特性，春季多在向阳坡活动，夏季移往海拔高的山上，能适于隐蔽和逃避蚊蝇骚扰，冬季又回到海拔低的河套或林间空地，在食物短缺时往往接近农田或村落。

梅花鹿常在水中站立或水浴，梅花鹿阴雨天活跃，大雨天气放牧，鹿群安静并集中。梅花鹿喜欢泥浴，尤其在配种季节，常在泥里打滚，这有助于降温和减低烦躁。

二、梅花鹿食性

梅花鹿属于反刍动物，对富含粗纤维的植物性饲料消化能力极强，梅花鹿能广泛利用各种植物，不仅吃草木植物，而且还能吃木本植物，尤其喜食各种树的嫩枝、嫩叶、嫩皮、果实、种籽，还吃蕈类、地衣苔鲜及各种植物的花、果和菜蔬。据对放牧鹿的观察，鹿能采食400多种植物。这是由于鹿在进化过程中，形成的适应广泛采食植物的复杂的消化器官的理化性质适于某些微生物共生要求，并能分解这些植物性饲料的结果。

梅花鹿对食物的质量要求较高，采食植物饲料时有选择性。选择植物饲料的主要特点是鲜和嫩。各季节中萌发的嫩草和嫩枝、乔灌木的嫩枝芽，是鹿采食的主要饲料，在食物相当匮乏时，才采食植物的茎秆及粗糙部分。在喂食干草时也只采食叶，很少采食粗糙的茎秆。所以，有人认为鹿是精食动物。野生鹿瘤胃内容物是体重的4%～7%，低于家养鹿瘤胃内容物的重量。家养鹿饲喂秸秆、落叶等，因营养不足，补饲多量的精料，使鹿脂肪沉积变得肥胖，体质与野鹿也有所不同。喜欢舔食盐碱。

三、梅花鹿群居性

鹿科动物的重要生活习性之一是群居性和集群活动。这是在自然界生存竞争中形成的，有利于防御敌害，寻找食物和隐蔽。

梅花鹿的群体大小，取决于气候及环境条件等。食物丰富，环境安静，群体相对大些；反之则小。梅花鹿夏季多数是母鹿带领仔鹿一起活动，一群有几只或十几只，繁殖季节1～2只公鹿带领十几只母鹿和幼鹿，活动区域较为固定。当鹿群遇到敌害时，哨鹿高声鸣叫，尾毛炸开飞奔而去。炸开的尾毛如同白团，非常醒目，起信号作用。有人认为，尾腺分泌激素起信息作用。一鹿逃跑众鹿跟随，跟随的鹿带有一定的盲目性。

家养鹿和放牧鹿仍然保留着集群活动的特点。单独饲养和离群时则表现胆怯和不安。因此，放牧时如有鹿离群，不要穷追，可稍微等待，便会自动回群。

四、梅花鹿的防卫性

梅花鹿在自然界生存竞争中是弱者，是肉食动物的捕食对象，也是人类猎取的重要目标。它本身缺乏御敌的武器，逃避敌害的唯一办法就是逃跑。所以鹿奔跑速度快，跳跃能力强，而且听觉、视觉、嗅觉器官发达，反应灵敏，警觉性高，行动小心谨慎，一遇敌害纷纷逃遁。这是一种保护性反应，是自身防卫的表现，也就是人们常说的“野性”。

鹿在家养条件下，虽然经过多年驯化，这种野性并没有彻底根除，如不让人接近，遇见异声、异物惊恐万分，产仔时扒、咬仔鹿，对人攻击等。这对组织生产十分不利，由此造成的伤亡、损伤鹿茸等事故时有发生，经济损失很大。因此加强鹿的驯化，消弱野性，方便生产，仍是养鹿生产实践中的一项迫切任务。

在野生状态下，当遇到敌害袭击时，雄鹿便挺身而出，让仔鹿和母鹿先逃，自己断后保护。特别是在秋冬季节，雄鹿的骨角十分坚硬和锋利，是梅花鹿的重要防卫武器，可以反击入侵的动物。发情期间雄鹿之间的争偶格斗也很激烈，几乎日夜争斗不休，但在格斗中，通常弱者在招架不住时并不坚持到底，而是败退了事，强者也不追赶，只有双方势均力敌时，才会使一方或双方的角被折断，甚至造成严重致命的创伤。取胜的雄鹿可以占有多只雌鹿，有坚硬的巨角作为作战时的武器，也能同一些大型的猛兽进行搏斗。有些雄鹿在发情季节具有主动攻击性，在饲养实践中应该注意安全。

五、梅花鹿的适应性

适应性是生物对环境的适应。一是指过程，即生物不断改变自己，使其能适应于某一环境中生活。二是指结果，即有利于生物生存繁殖的种种特征。

野生梅花鹿分布很广，主要分布于东亚。范围从西伯利亚到朝鲜、韩国、中国东部和越南、日本及西太平洋岛屿等地域。中国梅花鹿主要分布于我国的华北区、东北区、广西、四川和台湾等地区。

梅花鹿的适应性很强，在我国的广大地区均可以饲养，特别是东北、华北、西北等地均适合梅花鹿的饲养。

梅花鹿的可塑性很大，利用可塑性可改造野性。鹿的驯化放牧就是利用这一特性，通过食物引诱、各种音响异物反复刺激和呼唤等影响，建立良性条件反射，使见人惊恐的鹿达到任人驱赶、听人呼唤的目的。这种驯化工作，在幼年时进行比成年效果好，如幼鹿经过人工哺育驯化，则与人共处如同牛羊。说明幼鹿比成鹿可塑性大。

在养鹿生产实践中，应当充分利用这一特性，加强对鹿的驯化调教，给生产带来更多的方便与安全。

第三章　梅花鹿每天吃什么

饲料是发展养鹿业的物质基础，鹿所需的各种营养物质均来源于所食饲料。鹿属草食类反刍动物，具有发达的瘤胃及大肠，食性广，消化性强，耐粗饲，野生鹿可采食400多种饲料，家养梅花鹿的饲料总体上可概括为精饲料、粗饲料、动物性饲料、添加类饲料和全混合日粮等。

一、梅花鹿精饲料的配制及饲喂方法

精饲料体积小，营养物质含量高，粗纤维含量低，适口性强，消化率高，但成本较高，每千克精饲料所含可消化的营养物质在0.5千克以上，其消化率对于成年梅花鹿一般为73.93%～95.62%，所含粗纤维不超过18%。精饲料所含水分较少，一般不超过20%。此类饲料一般称为生理酸性饲料。精饲料是鹿生茸、怀孕、泌乳及幼鹿生长不可缺少的补充料，鹿的日需营养主要从精饲料中获得。各饲养场可依据自己鹿群的种类、性别、生产性能、生产期、季节粗饲料品质和数量的实际情况，适当搭配精饲料，运用科学的调制方法，制成较全价的混合精料，满足鹿机体对各种营养成分的需要。精饲料包括禾本科籽实（能量饲料）、豆科籽实（蛋白质饲料）及工业加工副产品。禾本科籽实饲料指的是在干物质中粗纤维含量低于6%、粗蛋白含量低于20%的谷实类、糠麸类等，一般每千克饲料干物质中含消化能10.45兆焦以上。此类饲料属高能饲料。豆类与油料作物籽实及其加工副产品也具有能量饲料的特征，但由于蛋白质含量高，故列为蛋白质饲料。蛋白质饲料是指干物质中粗纤维含量低于6%，同时粗蛋白质含量在20%以上的饼粕类饲料、豆科籽实及一些加工副产品。此外，精饲料还包括一些微量的动物性饲料和特殊添加剂。

(一) 精饲料原料种类

籽实饲料包括：禾本科籽实如玉米、高粱、小麦、燕麦、大麦、小米、大黄米、青稞等；豆科籽实如黄豆、小豆、竹豆、磨石豆、蚕豆、豌豆、菜豆及木本科籽实（如橡实）等。

工业副产品包括：饼类（豆饼、豆粕、棉籽饼、葵花饼、花生饼）；糠麸类（麦麸、稻糠、谷糠、玉米糠、高粱糠、花生壳）；

糟渣类（甜菜渣、酱渣、豆腐渣、粉渣、酒糟等）。

动物性饲料包括：鱼粉、血粉和羽毛粉、奶粉、蛋类。

微生物类饲料包括：饲料酵母、纸浆酵母、酒精酵母、石油酵母、纤维素酶及糖化饲料。

特殊添加剂包括：生长素、加硒维生素、多种维生素、尿素、增茸灵、小苏打、蛋氨酸添加剂等。

(二) 几种常用精饲料原料的特点及其饲喂方法

1. 玉米

玉米是梅花鹿的基础饲料之一，能量含量高，来源最为广泛，其中，以黄玉米的营养价值最高。玉米主要具备以下特点。

(1) 粗纤维含量低，仅为2%，而无氮浸出物高达72%。玉米的无氮浸出物主要是容易消化的淀粉。梅花鹿对玉米中无氮浸出物的消化率可达90%。

(2) 粗脂肪含量达3.5%～4.5%，是小麦和大麦的2倍，亚油酸含量达2%，高于其他谷实类原料，因此，玉米的可利用能较高，玉米喂鹿的可消化能为13.42兆焦/千克，代谢能为12.25兆焦/千克。

（3）蛋白含量较低，约为8.6%，低于麦类的蛋白质含量，并且缺乏赖氨酸、蛋氨酸和色氨酸。胡萝卜素和维生素D的含量也较低，生产中应将玉米与其他饲料搭配使用，避免营养缺乏。

（4）钙含量缺乏，所以在玉米作为主要能量饲料时，应注意补充钙。

（5）容易霉败产生黄曲霉毒素，从而引起鹿中毒，应注意妥善贮存玉米原料。

2. 高粱

高粱也是重要的能量饲料，去壳高粱与玉米一样，主要成分为淀粉，粗纤维少，易消化，蛋白质含量少（稍高于玉米，为8.0%～9.05%）、质量差、适口性不如玉米。但高粱胡萝卜素及维生素D的含量较少，B族维生素含量与玉米相当，烟酸含量少。高粱中含单宁，有苦味，鹿不爱吃。单宁主要存在于高粱籽实的外壳中，颜色越深，含量越高。带壳高粱籽实在鹿饲料中可以加到20%左右，但去壳后可加到50%～60%，生产中使用量最好不超过5%。在仔鹿补饲的饲料中加一定量的高粱，可防止仔鹿腹泻。高粱用作鹿的饲料，一般粉碎后喂给，整喂时消化率低。

3. 大麦

大麦也是一种重要的能量饲料，其能量含量虽然比玉米和高粱低，粗脂肪含量不及玉米的一半（<2%），但粗蛋白质含量较高（10.8%），质量也较好，赖氨酸含量在0.52%以上，无氮浸出物含量也高，维生素、矿物质含量也较为丰富，胡萝卜素和维生素D不足，核黄素少，硫胺素和烟酸含量丰富。用大麦喂鹿时，只要稍加粉碎即可，粉碎过细会影响适口性，整粒饲喂则

不易消化。

4. 麦麸

麦麸主要包括小麦麸和大麦麸，是来源广、数量大的一种能量饲料，其饲用价值一般和米糠相似。大麦麸在能量、蛋白质、粗纤维含量方面都优于小麦麸。麸皮与原粮相比，除无氮浸出物较少外，其他各种营养成分的含量都很高，特别是B族维生素含量丰富，含磷量也较高。麦麸适口性好，质地蓬松，利泻性，是母鹿妊娠后期和哺乳期的良好饲料，但饲喂幼鹿效果稍差。由于麦麸容积大，质地松散，饲喂时加水搅拌或配合青饲料一起饲喂较好。

5. 豆类籽实

豆类籽实是一种优质的蛋白质和能量饲料。豆科籽实蛋白质含量丰富，为20%～40%，而无氮浸出物较谷实类低，只有28%～62%。

由于豆科籽实有机物中蛋白质含量较谷实类高，故其消化能较高。特别是黄豆和黑豆，含有很多油脂，故它的能量价值甚至超过谷实中的玉米。无机盐与维生素含量与谷实类大致相似，不过维生素B_2与维生素B_1的含量稍高于谷实。含钙量虽然稍高一些，但钙磷比例不适宜，磷多钙少。豆科饲料在植物性蛋白质饲料中应是最好的，尤其是植物蛋白中最缺乏的限制性氨基酸——赖氨酸的含量较高。蚕豆、豌豆、大豆饼的赖氨酸含量分别为1.80%、1.76%和3.09%。豆类蛋白质中最缺乏的是蛋氨酸，其在蚕豆、豌豆和大豆饼中的含量分别为0.29%、0.34%和0.79%。应注意的是，豆类饲料含有抗胰蛋白酶、致甲状腺肿大物质、皂素和血凝集素等，会影响豆类饲料的适口性、消化率及动物的一些消化生理过程。但这些物质经适当的热处理（加热100℃、3分钟）后就会失去作用。因此，喂鹿时不能生喂，生产中对此类籽实进行热处理或磨成豆浆煮熟后拌料饲喂，以提高饲料的营养价值、适口性和利用率，其饲养效果显著。

6. 豆饼和豆粕

豆饼和豆粕是养鹿生产中最常用的植物性蛋白质饲料，营养价值很高，而价格又较豆类低廉。蛋白质含量在43%～56%，总能在19～21兆焦/千克，粗脂肪5%、粗纤维6%，大豆粕中赖氨酸、精氨酸、色氨酸、苏氨酸等必需氨基酸含量丰富，含磷较多而钙不足，缺乏胡萝卜素和维生素D，富含核黄素和烟酸。生产中与玉米配合饲喂可相互弥补不足，但同时需注意，玉米—豆粕型日粮应添加蛋氨酸。

7. 鱼粉

鱼粉是优质的蛋白质饲料，国产鱼粉有的较好，含蛋白质50%左右，有的质量较差，而进口的秘鲁鱼粉含蛋白质60%左右，味香。鱼粉含磷、维生素及微量元素丰富，尤其含钴及维生素B_2、维生素B_{12}丰富。由于鹿对腥味敏感，开始饲喂时要逐步增加数量，对促进幼鹿生长和公鹿增茸效果明显，一般占产茸公鹿精料量的5%为宜，哺乳和断乳仔鹿应补充5%～10%。

（三）精饲料调制方法

饲料调制是充分利用饲料的关键措施，其目的在于改进适口性，提高饲料的营养价值、消化率和利用率。调制饲料与食品不同，必须考虑到省时、省力、经济合算。饲料的调制方法，因饲料的种类、利用时期和饲喂对象的不同而不同。精饲料的加工调制包括粉碎、蒸煮、浸泡、磨浆、发酵、糖化或打浆等多种方法。

1. 粉碎、压扁与制粒

大麦、燕麦和水稻等籽实的壳皮坚实，不易透水，玉米、高粱、麦类等谷物饲料，如整粒喂给，因咀嚼不充分，消化液不能渗透到内部，使这些原料不易被各种消化酶或微生物作用而整粒随粪排出，造成浪费，尤其老龄鹿，更是如此。因此，饲用前要采取磨碎、压扁或制粒等方法加工调制。磨碎程度应适当，过细形成粉状饲料，其适口性反而变差，在胃肠道里易形成黏性面状物，很难消化。磨得太粗，则达不到粉碎的目的。鹿的饲料粉粒以直径 1～2 毫米为宜。但须注意含脂量高的饲料（如玉米、燕麦等）磨碎后不宜长期保存。制粒是采用机械（如颗粒机）将籽实饲料制成颗粒料。用颗粒饲料便于补饲。在劣质牧场上放牧的茸鹿，可以不用饲槽，就地撒喂。麦麸类饲料制粒后，其营养价值有一定的提高。原因是麦麸中的糊粉层细胞经过制粒过程中的蒸气处理和压制过程中的压挤后，它的厚实细胞壁破裂，从而使细胞内的养分充分释出。与此同时，制粒后麦麸中的淀粉粒被破坏较多，这有利于淀粉酶对它的消化。

2. 蒸煮和焙炒

蒸煮饲料（图 3－1）饲喂鹿的优点是增加香味，可以进一步提高饲料的适口性，对某些饲料如马铃薯、大豆及豌豆等还可以提高消化率，同时可以杀灭细菌、霉菌和害虫，也能杀灭杂草种子。冬季有防止体热放散作用。加热可破坏豆类籽实和饼粕中的有毒成分，实践中一般通过观察饼粕的颜色来判断加热程度是否适宜，加热适度，颜色为黄褐色；加热过度，呈暗褐色；加热不足或生饼粕，颜色呈黄白色。缺点是破坏了维生素，一部分营养随汁液流失，增加了工时和能耗，长期蒸煮会使蛋白质难于消化。焙炒可以使饲料中的淀粉部分转化为糊精而产生香味，用作诱食饲料。

3. 磨浆粥料

磨浆粥是较先进的调制方法，即先将籽实浸泡，然后加水磨成粥状，优点是适口性好，采食量大，消化率高，但需工时，能耗量也大。大豆磨浆应加热喂鹿，或将大豆煮成八分熟喂鹿，都

图 3－1　蒸煮的饲料

可提高消化率和适口性。或用熟大豆浆拌料喂鹿，每天每只按 100～250 克大豆所制成的豆浆量分次喂给。这种方法不仅能提高精饲料的适口性和消化率，而且能提高日粮的生物学价值。

4. 湿润与浸泡

湿润法一般用于粉料，浸泡法多用于硬实的籽实或饼粕类饲料的软化，或用于泡去有毒物质。

5. 发芽和糖化

籽实的发芽过程是一个复杂而有质变的过程。大麦发芽后，部分蛋白质分解成氨化物，而糖分、维生素与各种酶增加，纤维素也增加，但无氮浸出物减少。从 1 千克大麦中含有的有机物质来看，发芽后的总量减少，但是在冬季缺乏青饲料的情况下，为使日粮具有一定的青饲料性质，可以适当地应用发芽饲料。籽实发芽有长芽与短芽之分。长芽（6～8 厘米）以供给维生素为主要目的，短芽则利用其中含有的各种酶，以供制作糖化饲料或促进食欲。

饲料糖化可用加入麦芽或酒曲的方法，或利用各种饲料本身存在的酶来进行。各种籽实中存有各种酶，不过在干燥条件下无活性，如果给饲料以适当的水分并保持适当的温度（60～65℃为糖化酶作用的最佳温度），经2～4小时就可以完成。糖化饲料可增强适口性并提高消化率。

二、梅花鹿粗饲料的配制及饲喂方法

鹿是常年以粗饲料为主的经济动物，养鹿场在保证鹿只的健康和生产能力的原则下，尽可能投给适量的精饲料，多用多汁青绿及干粗饲料，既可节省精饲料，降低成本，又不使鹿只的营养过剩，以免降低生产能力，甚至造成季节性伤亡和某些长期慢性疾病。在生产季节鹿粗饲料可占日粮的50%～70%，尤其在生产淡季，主要靠粗饲料生存，但经常供应的粗饲料种类依地区、种类、季节、料源不同而有明显差异。因此，认识粗饲料的种类及营养差异，对开辟新饲料来源、合理搭配是非常必要的。一般来说粗饲料可分为枝叶类、干牧草类、农副产品类、青绿多叶类及块根、块茎类等。其基本特点是体积大、难消化，可利用养分含量低，粗纤维含量高（>18%）。

（一）粗饲料原料种类及饲喂方法

1. 枝叶饲料

大多数树木的叶子（包括青叶和秋后落叶）及其嫩枝和果实都可用作鹿的饲料，且营养较高。树叶很容易消化，不仅能作鹿的维持饲料，而且可以用作鹿的生产饲料。枝叶虽然是粗饲料，但远远优于秸秆和荚壳类饲料。其营养成分随产地、季节、部位、品种、调制方式而有不同。

一般树叶中含胡萝卜素为110～250毫克/千克。在夏季，树叶饲料的粗蛋白质含量最高，约为36%；秋季以后逐渐降低，冬季可降至12%。在养鹿业上常用的枝叶饲料主要来自于柞树、胡枝子、椴树、榆树、柳树、桑树、杨树、桦树和果树等，一般嫩叶的干物质中含有 15% ~20% 的粗蛋白质。

落叶是山区、半山区养鹿的主要粗饲料，包括大、小柞树叶、各种果树叶和阔叶类杂树叶等，其中以小柞树叶用作鹿的饲料最为广泛。东北地区收集柳毛子、杨树、苕条及榛树嫩叶喂鹿，特别是生茸公鹿，效果良好。落叶类饲料多于霜后和早春收取，其可溶性营养物质流失较多，但优质落叶的营养成分仍高于秸秆类，接近于干草类饲料，通常落叶含粗蛋白质 10.3% ~26.3%、无氮浸出物 37.8% ~55.7%、粗纤维 16.6% ~35.2%、无机盐 4.9% ~10.3%，其中，钙多磷少，且缺乏各种维生素。落叶类的饲料含有较多的鞣酸类物质，对非细菌性腹泻有止泻作用，但长期大量饲喂会影响鹿的正常消化机能。

2. 牧草类饲料

牧草是山区、牧区、林区圈养鹿各季节常用的粗饲料，可分为人工牧草和天然草地干草等。一般是在其未结籽实之前收割下来，经晾干制成。由于干草仍保持部分青绿颜色，故又称青干草。干制青饲料的目的主要是为保存青饲料中的有效养分，并便于随时取用。青饲料晒制后，除维生素 D 增加外，多数营养物质都比青贮饲料损失多。合理调制的干草，其干物质损失量约为 18% ~30%。干草的营养价值高低取决于制作原料的植物种类、生长阶段和调制技术。就原料而言，由豆科植物制成的干草含有较多的粗蛋白质。而在能量方面，豆科、禾本科以及谷类作物制成的三类干草之间没有显著的差别，其消化能约为 9.61 兆焦/千克。但是优良干草中，可消化粗蛋白质的含量应在 12% 以上，消化能在 12.5 兆焦/千克左右。一般常用的野干草是碱草、羊胡子草、芨芨草、山地杂草等。人工栽培的牧草有苜蓿、沙打旺、草樨等。

3. 农副产品类饲料

农副产品饲料是农业区及半山区茸鹿秋冬和春季的主要饲料，主要包括作物秸秆和脱壳副产品，统称为秸秕饲料，秸秕是秸秆和秕壳的简称。秸秆主要由茎秆和经过脱粒后剩下的叶子所组成，如玉米秸、豆秸、稻秸、麦秸等。秕壳则是从籽粒上脱落下的屑片和数量有限的小的或破碎的颗粒构成，如大豆荚皮、棉籽壳、稻壳等。此外还有地瓜秧、花生秧等。大多数农业区都有相当数量的秸秕可用作鹿的饲料。秸秆类饲料不仅营养价值低，消化率也低。按全干物质计算，其粗纤维占28%～48%，无氮浸出物占40%～50%，粗蛋白质占3%～8%，维生素的含量很少。秕壳类饲料的营养价值一般高于秸秆类饲料，大豆荚最具有代表性，是一种比较好的粗饲料，其粗纤维含量为33%～40%，无氮浸出物为12%～50%，粗蛋白质为5%～10%。对于秸秆饲料，必须晾干垛好，并且现喂现铡，切不可铡后堆放，以防发霉变质。

4. 青绿多汁类饲料

青绿多汁类饲料是鹿生产季节的主要粗饲料，对生茸公鹿、哺乳母鹿、生长发育期幼鹿均有重要意义。

青绿多汁类饲料主要包括天然牧草、人工栽培牧草、叶菜类、根茎类、青绿枝叶、青割玉米、青割大豆等。青饲料水分含量高，约75%～90%。因此，青饲料热能含量低，每千克青饲料的消化能仅在300～600千焦。由于青饲料具有多汁性和柔嫩性，鹿每天采食量可达10～15千克。

青饲料蛋白质含量较高。一般禾本科牧草的粗蛋白质含量为1.5%～4.5%，但赖氨酸不足。青饲料干物质中无氮浸出物含量为40%～50%，粗纤维不超过30%。青饲料中维生素含量丰富，特别是胡萝卜素含量较高，每千克饲料中含50～80毫克，B族维生素、维生素E、维生素C、维生素K、烟酸含量较多，但维

生素 B_6（吡哆醛）很少，缺乏维生素 D。青饲料种类很多，现介绍几种主要青绿饲料。

（1）紫花苜蓿

为多年生的豆科植物，具有耐寒、耐旱特性，每年可以收割 2~4 次。它是多种动物都喜食的牧草，其总能量、可消化能、代谢能和可消化粗蛋白质均较高。一般每千克优质紫花苜蓿粉相当于 0.5 千克精饲料的营养价值，必需氨基酸含量比玉米高，其赖氨酸含量比玉米多 5.7 倍，并含有多种维生素和微量元素。苜蓿的利用方法可直接放牧，或青割青喂、青割青贮，也可调制干草。鲜紫花苜蓿粗蛋白质含量为 4.0%~5.5%、粗脂肪 0.5%~1.2%、粗纤维 6%、无氮浸出物为 8%~11%、粗灰分为 2.0%~3.0%。

（2）青刈玉米

是青饲料中较好的饲料。玉米产量高，含丰富的碳水化合物，味甜，适口性好，质地柔软，营养丰富，鹿很喜欢吃。青刈玉米用作鹿饲料，一般是在抽雄穗到乳熟之前这段时间。根据鹿群需要可分期收割，切碎后饲喂。

（3）青刈大豆

青刈大豆茎叶柔嫩，含纤维较少，含蛋白质多、脂肪较少，氨基酸含量丰富，是鹿的优质青刈饲料。

（4）青绿枝叶

青绿枝叶饲料种类很多，但用作鹿饲料的主要有柞树枝叶、柳树枝叶、胡枝子（苕条）等。青绿枝叶饲料富含可消化蛋白质和胡萝卜素，其干物质中粗蛋白质含量为 17.1%~27.4%，无氮浸出物含量为 39.5%~49.2%，而粗纤维含量仅有 9.7%~18.7%。随着生长期的延长，青绿枝叶类营养物质逐渐降低，而粗纤维和鞣酸含量逐渐增加，质量变次。

(5) 块根块茎类饲料

这类饲料主要包括胡萝卜、甜菜、南瓜、大葱、大萝卜、菊芋及各种果类。这类饲料适口性好，饲喂前应洗净，大个的应切成小块，单投或拌于粗料中生喂，现喂现做，它们可提高种公鹿、母鹿发情，提高配种能力和仔鹿生长发育，是优质（特别是冬季）补充料。

胡萝卜是养鹿场秋季、冬季和春季的良好维生素补充饲料。胡萝卜营养丰富，香甜适口，易于消化。胡萝卜含水分81%～92%、粗蛋白质1.2%～3.0%、淀粉及糖类8%～14%，可消化营养物质占8%～13%。蛋白质含量比其他块根饲料多。胡萝卜中的维生素种类很多，含有较多的胡萝卜素、维生素C及B族维生素。胡萝卜营养物质的消化率很高，蛋白质消化率达73%，脂肪达77%，无氮浸出物高达99%。甜菜作物按其块根中的干物质与糖分含量的多少，可大致分为糖用甜菜和饲用甜菜两种。糖用甜菜含糖多，干物质含量为20%～22%，最高达25%，但产量低。饲用甜菜产量高，但干物质含量低，只有5%～11%，含糖量也低。饲用甜菜是春、秋、冬三季很有价值的多汁饲料，含有较高的糖分、无机盐类以及维生素等营养物质。其粗纤维含量低，易消化。各类甜菜所含有的无氮浸出物中主要是糖分，但也含有少量的淀粉与果胶物质。由于糖用甜菜含有大量蔗糖，故其块根一般不用作饲料而用于制糖，其副产品甜菜渣可用作鹿的饲料。

（二）粗饲料的加工调制

1. 机械处理

粗饲料通过机械处理可以提高采食量，减少浪费。

(1) 切短

切短的目的是利于咀嚼，便于拌料，减少浪费。切短的秸秆，鹿不易挑剔。而且拌入适量糠麸后，可以增强适口性，提高采食量。但不宜切得太短，过短不利于咀嚼和反刍。一般鹿的粗饲料切短至2~3厘米为宜。

（2）磨碎

磨碎的目的是提高粗饲料的消化率。同时磨碎的秸秆在鹿日粮中占有适当比例可以提高采食量，从而增加能量。

（3）碾青

即将干、鲜粗饲料分层铺垫，然后用磙子碾压，挤出水分，加速鲜粗饲料干燥的方法。

2. 化学处理

机械处理粗饲料只能改变粗饲料的某些物理性质，对提高饲料营养价值作用不大，而用化学处理的方法则有一定的作用。化学处理是指用氢氧化钠、石灰、氨、尿素等碱性物质处理，破坏纤维素与木质素的酯链，使之更易为瘤胃微生物分解，从而提高消化率。

（1）氢氧化钠处理

草类的木质素在2%的氢氧化钠水溶液中形成羟基木质素，24小时内几乎完全被溶解，一些与木质素有联系的营养物质如纤维素、半纤维素被分解出来，从而提高秸秆的营养价值。具体方法是：用8倍于秸秆重量的1.5%氢氧化钠溶液浸泡12小时，然后用水冲洗，一直洗到水呈中性为止。这样处理过的秸秆，可保持原有的结构与气味，鹿喜爱采食，而且营养价值提高，有机物质消化率提高约24%。但这种方法费水费力，还需做好氢氧化钠的防污处理，故应用较少。也可采用1.5%氢氧化钠溶液喷洒的方法（每吨秸秆用300升溶液），随喷随拌，堆置数天，不经冲洗而直接喂用。经此法处理后，秸秆有机物质的消化率约提高15%，饲喂家畜无不良后果，只是饮水增多，所以排尿也多。此法不必用水冲洗，故应用较广。

（2）氢氧化钙（石灰）处理

此法效果比氢氧化钠差，秸秆处理后易发霉，但因石灰来源广，成本低，对土壤无害，钙对动物还有好处，所以也可使用。如再加入1%的氨，能抑制霉菌生长，可防止秸秆发霉。

（3）氨处理

这种方法开始于20世纪60年代，在欧洲应用较广，在我国也曾大力推广，但随着氮肥价格上升，使用越来越少。氨处理虽然对木质素的作用效果比不上氢氧化钠，但对环境无污染，还可提供一定的氮素营养，比较简单实用，秸秆经氨化法处理后，颜色棕褐，质地柔软，鹿的采食量可增加20%～25%，干物质消化率可提高10%左右，粗蛋白质含量有所增加，对鹿生产性能有一定的改善，其营养价值可相当于中等质量的干草。主要有以下几个方法。

水液氨氨化处理　将秸秆一捆捆地垛起来，上面盖塑料薄膜，接触地面的薄膜应留有一定的余地，以便四周压上泥土，使之呈密封状态。在秸秆垛的底部用一根管子与无水液氨连接，按秸秆重的3%通入液氨，氨气扩散，很快遍及全垛。处理时间长短取决于气温，如气温低于5℃，需8周以上；5～15℃，需4～8周；15～30℃，需1～4周，喂前要揭开薄膜晾1～2天，使残留的氨气挥发。不开垛可长期保存。

农用氨水氨化处理　用含氨量15%的农用氨水，按秸秆重10%的比例，把氨水均匀洒于秸秆上，逐层堆放，逐层喷洒，最后将堆好的秸秆用薄膜封严。

尿素氨化处理　秸秆里存在尿素酶，加进尿素后用塑料膜覆盖，尿素在尿素酶的作用下分解成氨，对秸秆进行氨化。按秸秆重量的3%加进尿素，将3千克尿素溶解于60千克水中，均匀喷洒在100千克秸秆上，逐层堆放，用塑料薄膜盖严。

碳酸氢铵氨化　将稻草切短，均匀拌入10%～12%碳铵和一定水，塑料膜密封，20℃需3周；25℃需2周；30℃下1周即可完成氨化。氨化后秸秆呈棕褐色，质地柔软，鹿进食量可提高20%，消化率提高10%，且含氮增加。

3. 微生物处理

即利用有益微生物或某些酶制剂，对粗饲料进行生物学处理。这是近几年发明的新技术，其应用前景广阔。主要是菌种用量少，应用范围广，加工时间短。一般分菌种复活、溶解、混匀、饲料贮存4个步骤。其操作步骤基本类似青贮，参见青贮技术。

三、梅花鹿青贮饲料的种类及调制方法

我国北方冬季时间长，缺乏青饲料，青贮饲料是很好的粗饲料。青贮饲料是把新鲜的青饲料填入密闭的青贮窖、壕、塔或塑料袋里，经过压实使微生物发酵而得到的一种多汁、具有酸香味的、耐贮藏多年的饲料。青贮饲料作为加工和保存青绿饲料、提高饲料营养价值的一种方法，已为广大养殖场所接受，特别是对一些规模化的养鹿场，它是提供越冬饲料的主要来源之一。北方养鹿主要是玉米青贮。近些年人们普遍采用疏松种植青贮玉米，株距20~25厘米，在玉米生长到果实蜡熟期间收割，全株粉碎制作青贮，这样的青贮养分含量多，为鹿的主要粗饲料，常年均衡供应。大型养鹿场玉米青贮非做不可，而只养几只或十几只的鹿场可做胡萝卜青贮即可。只有玉米青秸秆而把穗取走的所谓青贮玉米，饲料质量差，不提倡拿来做青贮。

（一）青贮饲料的特点

①青贮饲料能有效地保存青绿植物的营养成分。

②青贮饲料消化率高、适口性好。

③青贮饲料保存期长，如管理得当，可贮藏几年甚至二三十年。

④青贮饲料单位容积内贮量大，每立方米青贮饲料重量为450～600千克。

⑤青贮饲料的制作受天气影响较小。

（二）青贮饲料种类

1. 一般青贮

是在厌氧环境中让乳酸菌大量繁殖，使淀粉和可溶糖分转化成乳酸，当乳酸积累到一定浓度后，pH 值降至 4.0 左右，便抑制腐败菌生长，这样就可以把青贮料的养分长时间地保存下来。

青贮原料上附着的微生物，可分为有利和不利于青贮的两类微生物。对青贮有利的微生物主要是乳酸菌，它的生长繁殖要求有湿润、厌氧的环境，有一定数量的糖类；对青贮不利的微生物有腐生菌等多种，它们大部分是嗜氧和不耐酸的菌类。

乳酸菌在青贮的最初几天数量很少，比腐生菌的数目少得多，但在几天之后，随着氧气的耗尽，乳酸菌数目逐渐增加，变成优势菌。由于乳酸菌能将原料中的糖类变为乳酸，所以乳酸浓度不断增加，达到一定量时即可抑制其他微生物活动，特别是腐生菌在酸性环境下会很快死亡，而乳酸菌也会随饲料 pH 值的不断下降而停止活动，从而把青贮料长期保存下来。

乳酸菌将糖分解为乳酸，在反应中，既不需要氧气，能量损失也很少。

青贮成败的关键在于能否创造一定条件，保证乳酸菌的迅速繁殖，形成有利于乳酸发酵的环境和排除有害菌、腐败菌的繁殖。

乳酸菌的大量繁殖，须具备以下条件。

第一，青贮原料要有一定的含糖量，含糖多的如玉米秸和禾本科青草等为易青贮原料；

第二，原料的含水量适度，禾本科植物含水 65% ~75% 为宜；

第三，温度适宜，一般以 19 ~37℃为宜；

第四，将原料压实，以排出空气，使原料处于缺氧状态。

2. 特殊青贮

（1）低水青贮或半干青贮

青饲料切割后，经风干使水分减少到 40% ~55%。这样风干的植物对腐生菌、酪酸菌及乳酸菌均可造成生理干燥状态，使其生长繁殖受到限制。因此，在青贮过程中，微生物发酵弱，蛋白质不被分解，有机酸形成量少。虽然另外一些微生物如霉菌等在风干物质体内仍可大量繁殖，但在切短压实的厌氧条件下，其活动很快停止。因此，这种方式的青贮，仍需在高度厌氧情况下进行。

由于低水青贮是微生物处于干燥状态及生长繁殖受到限制情况下的青贮，所以青贮原料中糖分或乳酸的多少以及酸碱度高低对于这种贮存方法已无关紧要，从而较一般青贮法扩大了原料范围。一般青贮法中认为不易青贮的原料（如豆科草）也都可以顺利青贮。

（2）外加剂青贮

主要从 3 个方面来影响青贮的发酵作用。一是促进乳酸发酵，如添加各种可溶性碳水化合物、接种乳酸菌、加酶制剂等，可迅速产生大量乳酸，使氢离子浓度很快达到 158.5 ~163.1 毫摩/升（pH 值 3.8 ~4.2）；二是抑制不良发酵，如添加各种酸类、抑制剂等，可防止腐生菌等不利于青贮的微生物的生长；三是提高青贮饲料营养物质的含量，如添加尿素、氨化物，可增加蛋白质的含量等。这样可以将一般青贮法难青贮的原料加以利用，从而扩大了青贮原料的范围。

（三）青贮条件

1. 青贮原料

应选择饲用价值高同时又能提供大量多汁物质的作物（如牧草、玉米秸秆、蔬菜类、瓜类等）来制作青贮饲料。青贮饲料具有来源广、成本低、营养价值比较全面等优点，是一类无论反刍动物或单胃动物都能利用的饲料。

2. 青贮设备

有圆形的青贮窖和青贮塔、长方形的青贮壕等。青贮设备要求达到的条件为：不透空气、不透水，墙壁要平直，有一定深度，冬季能防冻（宽深比为1.0∶1.5或1∶2）。现分述如下：

（1）地下式青贮设备

指青贮窖和青贮壕等全部位于地下，其深度应按地下水位的高低来决定，一般不超过3米。深的青贮设备容积大，有利于原料的压实，能提高青贮饲料的品质和降低损耗率，但取用下层青贮料比较费力；过浅的青贮设备容积小，不利于原料借助自身重力压实，容易发生霉坏。

地下青贮设备适用于地下水位低和土质坚实的地区。

（2）半地下式青贮设备

指青贮窖和青贮壕等的一部分位于地下，一部分位于地上。利用挖地下部分挖出的湿黏土或用土坯、砖、石等材料向上垒砌1.0～1.7米高的壁，即可建成。在砌成的壁上，所有的孔隙都应用灰泥严密涂封，外面要用土封好。用黏土堆砌的窖和壕壁厚度一般不小于0.7米，以免透气。

（3）地上式青贮设备

地上式青贮设备如青贮塔，一般是在地势低洼、地下水位较高的地区采用。塔的高度应根据设备条件而定，在自动装置原料设备及青贮切碎机的条件下，可建造高7～10米，甚至更高的青贮塔。为便于装料和取用青贮料，青贮塔应选择距离鹿舍较近处建造。塔壁由下到上应每隔 1.0～1.5 米留一窗口。塔壁必须坚固不透气，以免装入青贮料后崩裂。

（四）青贮饲料的调制方法

1. 选定青贮原料

地上式青贮饲料，可采用黑层测定法快速测定收获玉米最高产量和最佳养分含量的时间。当玉米的谷粒达到生理成熟期时，靠近谷粒尖的几层细胞就变黑，形成黑层。检查这种黑层的方法，是在玉米果穗的中部剥下几粒谷粒，然后纵向剖开，或只切下谷粒的尖部，就可以寻找靠近尖部的黑层。如果有黑层存在，则表明玉米谷粒已到生理成熟期，是选制青贮原料的适宜收割时期。

草类青贮饲料，原料收获时期与选制优质干草（青干草）的收获时期相同；禾本科牧草以在抽穗期收获为好；豆科牧草以开花初期收获为好。利用农作物茎叶作青贮原料，应尽量争取提前收割。

对适时收割的青贮原料，应尽量减少暴晒和避免堆积发热，以保证原料的青绿和新鲜。

2. 清理青贮设备

对原有的青贮窖、壕，在使用之前应将窖、壕中及墙壁上附着的脏土铲除，拍打平滑，晾干后再用。

3. 适度切碎青贮原料

原料青贮前一般都必须切碎，使液汁渗出，润湿原料的表面，以利于乳酸菌迅速发酵，提高青贮饲料的品质。切碎原料常使用青贮联合收割机和青饲料切碎机，也可用滚筒铡草机。

喂鹿的青贮原料一般切成 2～5 厘米。含水量多、质地细软的原料可以切得略短些；凋萎的干饲草和空心茎的饲草要比含水分高的饲草切得更短些。切碎的原料容易踏实、压紧，空气排得也好，沉降也较均匀，养分损失也少。

4. 控制原料水分的含量

原料的水分含量是决定青贮品质最重要的因素。大多数青贮原料以含水分60%～70%时的青贮效果最好。新收割的青草和豆科牧草，含水量达75%～80%，应将含水量降低10%～15%才适宜制作青贮饲料。

5. 青贮原料的填装与压实

一旦开始填装青贮原料，速度就要快，以避免在原料装满与密封之前发生腐败。装填操作既要快，又必须注意安全。

（1）青贮原料的填装

为使切碎的原料及时送入青贮设备内，切碎机最好设置在青贮建筑物近旁，尽量避免切碎原料受日光暴晒。青贮设备内应有人将装入的原料耙平混匀，原料装入圆形青贮设备时要一层一层铺平，装入青贮壕时可酌情分成几段，顺序装填。

（2）青贮原料的压实

任何一种切碎的植物原料在青贮设备中都要装匀和压实，压得越实越好。特别要注意靠近窖壁和拐角的地方不能留有空隙。小型青贮窖可由人力踩踏压实，大型的青贮窖宜用履带式拖拉机来压实。注意不要让拖拉机带进泥土、油垢、金属等污染物，在拖拉机压实完毕后，仍需用人力踩踏机器压不到的边角等处。

（3）青贮的密封和覆盖

青贮设备中的原料装满压实以后，必须密封和覆盖。可先盖一层细软的青草，草上再盖一层塑料薄膜，并用泥土堆压靠在青贮窖或壕壁处，然后用适当的盖子将其盖严；也可在青贮料上盖一层塑料膜，然后盖上30～50厘米的湿土；如果不用塑料薄膜，需在压实的原料上面加盖约3～5厘米厚的软青草一层，再在上面覆盖一层35～45厘米厚的湿土，并很好地踏实。应每天检查盖土下沉的状况，并将下沉时盖顶上所形成的裂缝和孔隙用泥巴抹好，以保证高度密封，在青贮窖无棚的情况下，窖顶的泥土必须高出青贮窖的边缘，并呈圆顶形，以免雨水流入窖内。

(五) 特殊青贮方法

1. 低水分青贮

低水分青贮与一般青贮方法不同之处在于它要求原料含水率可降到40%～50%。收割后的原料含水量减少的速度要快，低水分青贮原料切碎的长度以2厘米左右为好。

采用塑料袋装贮低水分青贮原料也是可行的。塑料袋青贮的关键有两点：一是要选好袋。常见的塑料薄膜有两种，一种是聚乙烯，可以装食品，也可用来装青贮饲料；另一种是聚氯乙烯，多数带有颜色，有毒，不能用来作青贮袋；二是要掌握好技术操作，做到原料优质、水分适宜、装袋迅速、隔绝空气、压紧密封。要控制好发酵温度，以在40℃以下为宜。青贮袋装好后放在固定地点管理好，不要随便移动，经30～40天发酵即可完成。

2. 高水分青贮

对蔬菜类、根茎类、瓜类和水生植物等高水分的原料，可采用高水分青贮法来制作青贮饲料。其方法如下。

(1) 在调制青贮料之前，应将原料适当晾晒一下，除去过多的水分。

(2) 可与水分含量较少的原料，如糠麸、干草、干甜菜渣等进行混贮，以提高青贮原料的含糖量。

(3) 在装填原料之前，最好在青贮设备底部铺垫一定厚度的谷秕糠壳或碎软的干草等，以吸收渗出的液汁。

(4) 可建造底部有出水口的青贮设备来进行青贮，并在底部铺上一定厚度的谷秕糠壳，使过多的液汁顺利排出，这样可以防止青贮饲料因遭水泡而变质。

采用以上方法使原料中水分含量达到一般青贮方法的要求指标（60% ~70%）后，再按一般青贮方法来进行青贮。

3. 外加剂青贮

除在原料中加入外加剂以外，其余方法与一般青贮均相同。外加剂大体分为两类：一类是在青贮料中加乳酸纯培养物制成的发酵剂，或加由乳酸菌和酵母培养物制成的混合发酵制剂，可促进青贮料中乳酸菌的繁殖。一般每吨青饲料中加乳酸菌培养物0.5克或乳酸制剂450克，每克青贮原料中有乳酸杆菌10万个左右。另一类是在青贮料中加防霉抑制剂，这是一类有抑制发霉和改善饲料风味、提高饲料营养价值、减少有害微生物活动等多种作用的添加物。在美国，每吨青饲料中添加85%的甲醛3.6千克，每吨黑麦草中添加95%的甲醛2.8千克。

在调制高蛋白青贮料时，如果原料中含蛋白质较高，加入添加剂青贮，可使蛋白质损失减少到最低限度，使青贮料仍保持高蛋白质含量。如苜蓿等豆科植物在牧草开花期刈割青贮时，每吨青贮料中加入蚁酸2.8 ~3.5千克或磨碎麦芽2%，都可制成高蛋白青贮料。如果原料中含蛋白质并不高，可向原料中添加尿素或硫酸铵混合物0.3% ~0.5%。青贮后每千克青贮料中可消化蛋白质增加8 ~11克。如在玉米青贮料中加用，可形成菌体蛋白，也能提高青贮料中蛋白质的含量。

（六）青贮饲料的品质鉴定

青贮饲料品质的优劣与青贮原料种类、收割时期以及青贮技术等有密切关系。正确青贮，一般经17 ~21天的乳酸发酵，即可开窖取用。通过品质鉴定，可以检查青贮技术是否正确和判断青贮营养价值的高低。

1. 感官鉴定

根据青贮料的颜色、气味、口味、质地、结构等指标，通过感官评定其品质好坏的方法称为感官鉴定。品质好的青贮饲料保持了原料的新鲜颜色，风味酸甜，具有青贮饲料固有的清香味，质地变得柔软，无腐烂变质，无霉变。

2. 实验室鉴定

实验室鉴定的内容包括青贮料的氢离子浓度（pH 值）、各种有机酸含量、微生物种类和数量、营养物质含量变化以及青贮料可消化性及营养价值等。其中以测定氢离子浓度（pH 值）应用较普遍。

氢离子浓度测定是衡量青贮料品质好坏的重要指标之一。优质青贮料氢离子浓度在63 纳摩/升以上（pH 值4. 2 以下），超过这个要求（半干青贮除外），说明青贮料在发酵过程中腐败菌、酪酸菌等活动较为强烈。劣质青贮料氢离子浓度达 100 ~ 10 000 纳摩/升（pH 值5 ~6）。实验室测定氢离子浓度可用精密电磁酸度计，生产现场一般可用精密石蕊试纸测定，比较简便迅速。

四、梅花鹿添加剂饲料的应用及饲喂方法

添加剂饲料主要是指向饲料中添加的，用来补充鹿机体所需的微量元素、维生素和氨基酸等的营养成分，其原料组成有微量元素、维生素，如氯化钴、硫酸铜、硫酸亚铁、硫酸锌、硫酸锰、碘化钙、亚硒酸钠等；维生素类主要是脂溶性维生素，如维生素 A、维生素 D、维生素 E；氨基酸类，如赖氨酸、蛋氨酸等。因添加剂的添加量极其微小，必须由专门厂家生产，均匀混合到饲料中方可使用。建议梅花鹿养殖场直接到专业的饲料公司购买，并严格按照说明要求进行添加。

第四章　梅花鹿繁育小窍门

一、梅花鹿繁殖生理特点

（一）性成熟与初配适龄

性成熟的标志是开始产生成熟的、具有授（受）精能力的生殖细胞，即精子和卵子；开始表现出性行为。此时。公母鹿出现交配欲，交配后受孕繁殖。在到达性成熟时，它们显得烦燥不安、食欲减退，尤其雄鹿，性凶好斗，如果鹿群中存在两头以上成年雄鹿，必会发生激烈的争斗，其结果不是两败俱伤，就是强者把弱者赶出群外。直至交配期过后，才慢慢恢复正常。茸鹿的性成熟也表现在第二性征上，如茸、乳房等都有了发育。鹿的性成熟与品种、类型、性别、遗传状况、营养情况及个体发育等因素有关，梅花鹿比马鹿早，雌性早于雄性，同一品种鹿营养状况好和个体发育快的性成熟也早。一般情况下梅花母鹿约在 16 月龄左右，发育良好的鹿 7 月龄就达到性成熟，公鹿为 20 月龄左右；马鹿约为 28 月龄，但有部分鹿 16 月龄即达到性成熟。怀孕期为 7.5 ~8 个月，每胎 1 仔，极少有 2 仔。幼鹿在 3 月龄以内增重最快，以后逐渐减少。茸鹿的初配适龄：母梅花鹿为 18 个月龄，公鹿为 40 个月龄。

（二）茸鹿的性行为

性行为的表现形式为求偶、爬跨、射精、交配结束。发情公鹿追逐发情母鹿，闻嗅母鹿尿液和外阴之后卷唇，当发情母鹿未进入发情盛期而逃避时，昂头注目、长声吼叫；若发情母鹿已进入发情盛期，则驻立不动，接受爬跨，公鹿两前肢附在母鹿肩侧或肩上，当阴茎插入阴门后，在1秒钟内完成射精动作。公鹿的交配次数，在45～60天的实际交配期里，梅花鹿达40～50次，高峰日达3～5次，每小时最高有5次的；马鹿达30～40次，高峰日达3～5次。一般说来，梅花鹿交配次数高于天山马鹿，而天山马鹿又高于东北马鹿。母鹿受配次数：马鹿为1.3～1.6次，其中，仅交配1次的占80%左右。

影响梅花鹿性行为的因素主要有以下几点。

1. 遗传因素

进入成年后的母鹿较稳定。

2. 外界环境和气候因素

如哄赶鹿群或拨鹿时，阴雨天气。早晚凉爽时，性行为都明显活跃。

3. 性经验

配过种的种公鹿表现明显、充分、能力强；而性抑制，尤其对初配公母鹿受惊吓，鞭打以及生人或陌生景物的突然出现，轻者引起交配时机错后或错过，重者则使种公鹿失去配种能力。

4. 配前性刺激

例如采取试情配种，迟放种公鹿，则引起种公鹿性行为表现充分，性冲动时间长。

（三）茸鹿的发情规律

1. 发情期

茸鹿是每年季节性多次发情的动物。在我国北纬41°以北地区，茸鹿的发情交配期是每年秋季9～11月，梅花鹿有时可延续到翌年 2 ~ 3 月。梅花鹿的正常发情交配期为 9 月 15 日至 11 月 15 日两个月，旺期为 9 月 25 日至 10 月 25 日约 1 个月时间，在整个发情交配期里，可经历 3 ~ 5 个发情周期。马鹿的发情交配期一般为 9 月 5 日至 11 月 5 日，旺期为 9 月 15 日至 10 月 15 日，在整个发情交配期里，可经历 1 ~ 3 个发情周期。第一个发情期里发情高峰日的发情率梅花鹿为 11% ~ 15%。由于地理、气候因素的影响，个别年景发情交配日期可提前或延后 7 ~ 15 天。

2. 发情周期

茸鹿在发情季节里，每经过一定的间隔时间出现 1 次发情现象，即相邻两次排卵的间隔时间视为发情周期。梅花鹿一般为 12 ~ 16 天。健康、壮龄。发情周期也与年龄、健康状况、外界环境等因素有关，体膘好的发情周期稍短，老龄、体膘差的稍长。

3. 发情持续时间

指母鹿在每次发情时持续的一段时间，即为发情持续时间，该段时间分为初期、盛期和末期，其中，盛期指母鹿性欲亢进并接受交配的一段时间。梅花鹿的发情持续时间一般为 24 ~ 36 个小时，发情经 11 ~ 12 个小时进入盛期。一般有 90% 左右的茸鹿是在发情盛期接受交配的，此期交配的受孕率在 95% 左右。发情的初期和末期，母鹿一般都拒绝交配。对于初配母鹿追配和老弱鹿的强配，以及趁母鹿只顾采食草料时的偷配，均属不正常的交配，并且要返情。

4. 发情表现

发情表现主要包括行为、生殖道和卵巢的变化。公鹿的主要表现为争斗，磨角，卷唇，扒地，颈围增粗，顶人或物，长声吼叫，食欲减退，边抽动阴茎边淋尿。母鹿发情初期为兴奋不安，游走，吧嗒嘴，有时鸣叫，愿意接近公鹿但拒配；发情盛期表现为站立不动，举尾拱腰，接受爬跨，常常表现泪窝开张，摆尾频尿，阴门肿胀，流出蛋清样黏液，嗯嗯低呻，或头蹭公鹿，摆出交配的姿式接受公鹿交配；发情末期表现，母鹿变得安稳，拒配，阴门的黏液由蛋清样变为橙黄，最后红褐色，并且干涸在阴毛上。

根据鹿的表现可以判断是否发情。近年来，对梅花鹿采用像牛马那样触摸卵巢的方法判定发情状况；也可用试情法来判定母鹿的发情，即用 1 只同品种的公鹿，将其阴茎手术或带上试情布，然后放入母鹿群，如果母鹿站立不动，接受爬跨，即说明该母鹿已接近排卵，此时赶出试情公鹿，放入种公鹿或人工授精，可基本保证受孕。

5. 妊娠与分娩

茸鹿的妊娠与分娩　妊娠母鹿经过交配，以后不再发情，一般可以认为其受孕了。另外，从外观上可见受孕鹿食欲增加，膘情越来越好，毛色光亮，性情变得温驯，行动谨慎安稳，到翌年 3～4 月时，在没进食前见腹部明显增大者 90% 以上为妊娠。茸鹿的妊娠期长短与茸鹿的种类、胎儿的性别和数量、饲养方式及营养水平等因素有关。梅花鹿平均为（229 ±6）天，怀公羔的（231 ±5）天、怀母羔的（228 ±6）天、怀双胎者（224 ±6）天，比单胎的短 5 天左右。

分娩　梅花鹿产仔期一般在 5 月初～7 月初，产仔旺期在 5 月 25 日至 6 月 15 日。但是，产仔期也与鹿的年龄、所处的地域或饲养条件等因素有关。预测产仔期的公式主要根据配种日期和妊娠天数推算，通常梅花鹿是受配的月份减 4 日再减 13 日即可算出产子日期。

分娩表现　分娩前乳房膨大，从开始膨大到分娩的时间一般为（26 ±6）天，临产前 1～2 天减食或绝食，遛圈，寻找分娩地点，个别鹿边遛边鸣叫，塌胯，频尿，临产时从阴道口流出蛋清样黏液，反复地爬卧，站立，接着排出淡黄色水疱，最后产出胎儿。个别初产鹿或恶癖鹿看见水疱后，惊恐万状，急切地转圈或奔跑。大部分仔鹿出生时都是头和两前肢先露出，少部分鹿两后肢和臀先露出，也为正产。除上述两种胎位外都属于异常胎位，需要助产。正常产程经产母鹿 0.5 ~ 2 小时，初产母鹿 3 ~ 4 小时。

二、梅花鹿的配种方法和人工授精技术

（一）配种方法

茸鹿的配种方法有群公群母配种法、单公群母配种法（又分为一配到底和中间替换两种）、试情配种法、定时放对配种法和人工授精法。但是常用的方法是单公群母一配到底法。具体方法是，梅花鹿应于 9 月 10 日前后将 1 头种公鹿放入母鹿群内，如公鹿没有特殊情况，直至配种结束时分出。但是，如果优良种公鹿较少的时候，可采用试情配种法或定时放对配种法。即将种公鹿和试情公鹿单独饲养在小圈内，于每天 4：00 ~ 6：00 和 16：00 ~ 18：00，定时将试情公鹿或种公鹿放入母鹿舍内寻找发情鹿，然后进行配种，待每次确认没有发情母鹿时再将公鹿赶回小圈内，结束试情放对。这种方法可以最大限度地发挥优良种公鹿的种用性能。每头种公鹿在一个配种期可配 35 头左右母鹿，同时，后代的系谱清楚，但是工作量大些。

1. 茸鹿配种工作应注意的问题

在公母鹿选配时防止近亲，并防止有相同性状缺陷的种公母鹿交配，初配公母鹿也不应交配；中间替换出的种公鹿应单独饲养，否则因其带有发情母鹿的气味易遭到其他公鹿的攻击；配种

结束时，选择晴天，于8：00前将公鹿拨出，并委派专人看护，防止相互间强烈的殴斗，造成损失。

2. 母鹿不育的原因及对策

（1）先天性不育

主要因生殖器官发育不良造成，这样的鹿应尽早淘汰。

（2）营养性不育

因疾病或饲养管理差，使母鹿的体况太差，造成胚胎甚至卵泡不能正常发育，所以不能受孕，或受孕后胎泡消失。这样的鹿可通过治疗疾病及加强饲养，使其达到中等以上的营养水平，是完全可以繁殖的。但对某些患传染病，严重威胁鹿群的，应予以淘汰。

（二）人工授精

我国1953年就开始进行鹿的人工授精研究，比国外早2年，在吉林省的3个养鹿单位为52头梅花鹿进行人工授精，受胎率达63%。哈尔滨特产研究所成功研制出马鹿的细管冻精，5年共生产3 000多支。据黑龙江省、区22个养殖单位统计，人工授精能提高优良种雄鹿的利用率，采用人工授精法，每头优良种雄鹿一个配种期采精20余次，可给500余头雌鹿输精。人工授精可科学地选种选配，有计划利用优良种鹿维持种鹿的健康，减少种雄鹿间的顶架、伤亡。人工授精能克服区域、国家界限，扩大良种应用面积，同时可减少疾病传播，顺利完成不同品种、品系类型的鹿的配种繁育工作。冻精可长期保存，运输方便，可以不受雄鹿寿命的限制。一般自然交配，每头公鹿在整个配种期最多能配20头左右母鹿。人工授精也采20次精，可授给100头母鹿并使之怀孕。人工授精能有计划地利用种公鹿，减少公鹿争斗，并能利用个别精液品质好的伤残公鹿。总之，可以有效地提高改良鹿群品质，使优良种公鹿最大限度地发挥种用能力。

1. 采精器

电刺激采精器包括电刺激器和直肠探子两部分，电刺激采精器的主要技术参数：电源电压220伏，可调频率20～60赫兹，输出波形为正弦波，输出可调电压为6～20伏，输出电流9～1 000毫安。直肠探子是利用一根硬质塑料管，其直径为1.2～1.7厘米，上面装有4～6个固定的互相绝缘的金属环，由两根导线分两极引出，并由插头与刺激采精器输出插座相连接。

2. 采精方法

鹿保定。多用洛姆朋（二甲苯磺胺噻唑），效果良好。采用1～3毫克/千克体重，进行半麻醉。等半麻醉到半昏迷状态时，使鹿按要求姿势侧卧。

灌肠排粪与清洗。待鹿侧卧后，立即用肥皂水（中性）灌肠，排净直肠内的粪便，将包皮洗净（周围的毛剪掉）。

通电采集精液。从肛门慢慢插入直肠探子，梅花鹿与马鹿插入20～25厘米。调节刺激器，选择适当的频率（30～50赫兹）接通电源，电压由3～5伏开始反复刺激，每次通电持续35秒，间隔3～5秒。电压逐渐上升，增加刺激。梅花鹿的刺激频率以达到50赫兹为宜。通电6次，刺激电压达到12伏。一般在通电3次后，公鹿阴茎伸出时，准备好有保温装置的相当于牛用的集精杯，待到大约第5次通电后，鹿开始排精，小心收集（避免直射阳光）备用。用直肠探子插入直肠内，通电流直接刺激输精管壶腹附近的感觉精神末梢，使之传导到射精中枢产生兴奋而射精。要求环境必须安静，注射麻醉药后，待入麻良好，再人工保定。采精后仍需要保持安静。如保定过早，鹿作挣扎或采精后得不到安静休息恢复，都易造成伤亡。

3. 精液冷冻保存

精液的冷冻保存是通过低温处理使精子存活更久，更适于远途运输和长期保存。可使优良种公鹿发挥更大的配种作用。现在国内外常用的有 3 种方法。

(1) 安瓿冷冻方法

每支安瓿分装稀释 5～10 倍的精液 1 毫升。火焰封瓶后，在 5～7℃环境下，放置 2～6 小时，再置于距液氮面 2～4 厘米处，6～8 分钟，再浸入液氮内 10 分钟。安瓿置于保存匙中，放入液氮罐内保存。用前由罐内提取样品于 40℃温水中摇动解冻复苏。镜检活力，评定精子指标，登记。

塑料细管及塑料袋冷冻法。日本曾用 1 毫升的乙烯塑料细管在干冰上冷冻（－79℃），后来证明用液氮（－196℃）冷冻细管比干冰冷冻要好。它是一种特殊的塑料细管（直径不同）和用真空抽入的方法，封口于液氮中保存。塑料薄膜袋法，是马等射精量大的动物多用的冻精法。

(2) 颗粒冷冻法

20 世纪 60 年代初，牛精液冷冻成功。一般是先用干冰冷冻成颗粒，再于液氮中长存。因其稀释液配方和滴成的颗粒大小不同，有英（日美）法、德法、前苏联和中国等。

4. 输精

在用试情公鹿确定母鹿已能接受交配时，输给梅花鹿稀释 5～10 倍的鲜精液 2 毫升。近几年试验效果较好。

5. 授精

公、母鹿交配后，精子进入卵子并与其结合，形成新的接合子，称为受精。合子是新的个体发育的起点。受精是精卵结合而发生的一系列复杂的生理过程。为使这一过程如期正常实现，必须了解配子的运行规律，受精前配子的生理变化，以及配子配合（即受精）的过程。

(1) 精子在母鹿生殖器的运行

母鹿发情时，子宫颈黏膜分泌大量黏液，交配后精子射于子宫颈陷窝而藏匿存活，形成精子贮存库。一部分精子随宫颈收缩活动被拥入子宫内，一部分死精子借纤毛的颤动而被运往阴道，随黏液排出，另一部分死精子被白细胞吞噬。

（2）卵子的运行

排出的卵子被这时紧紧贴附于表面的输卵管伞接纳后，借其纤毛颤动，沿伞部的纵皱，通过漏斗口，进入壶腹部，而且较快的从这里通过。然后在壶腹、峡部连接部位停留 2 天后，再通过峡部进入子宫。卵子维持受精能力的时间与卵子本身的品质和输卵管生理状态有关。而卵子品质与母鹿的饲养管理有关。

（3）受精过程

受精部分在输卵管壶腹部。大多数哺乳动物的卵子是在第一极体排出后才开始受精。所以当精子进入卵子时，它正在进行第二次分裂。卵子由外向内包被有放射冠细胞、透明带和卵黄膜三层。受精时，精子依次穿过这三层结构，进入卵子后，精子核形成雄原核，卵子核形成雌原核，然后配子配合，完成受精。

三、梅花鹿的保胎和产仔

梅花鹿在配种到产仔期间，鹿的保胎工作应一直持续。为保证梅花鹿胎儿快速发育，梅花鹿的保胎应着重做好以下几项工作：

（一）防止近亲交配

梅花鹿配种时应杜绝近亲交配，因为这样不仅会增加胚胎死亡和生产畸形梅花鹿的概率，也容易造成仔鹿生活力低下导致其生产力降低。

（二）加强梅花鹿的驯化和运动

加强梅花鹿的驯化可以增强其温顺程度，防止机械性流产；

而运动则有利于提高梅花鹿母鹿的驯化程度，饲养者可以每天定时驱赶母鹿活动1～2小时，地点在舍内或场内均可。

（三）改善梅花鹿母鹿的生活环境

注意母鹿圈舍卫生，勤于清扫，并及时清除鹿舍的积雪和积冰，以防止鹿滑倒发生流产。

（四）注意饲料卫生和营养

在对妊娠母鹿的饲喂中，要保证饲料的质量，不喂发霉、腐败和冰冻饲料，饲喂要做到定时、定量、定质。同时，饲料中的营养要满足妊娠母鹿的身体需要。粗饲料要质优量足，尽量做到多样化，尤其不能缺钙、磷，同时要适当补充硒和维生素E。

（五）搞好卫生防疫

母鹿妊娠期间，要特别重视卫生防疫工作，防止发生疫病。引种时要严格检疫，平时要定期接种布氏杆菌病疫苗。因为布氏杆菌病能导致妊娠母鹿大批流产。不要在疫区收购饲料。

四、提高梅花鹿仔鹿成活率的方法

在梅花鹿的养殖过程中，要提高仔鹿的成活率，需要做好梅花鹿的饲养管理工作，采取一定的措施，重视产仔前的分群、观察分娩的征兆、了解母鹿的分娩过程、守护仔鹿保证使其吃上初乳等，提高仔鹿成活率的管理工作主要做好以下几点。

（一）重视产仔前的分群

根据鹿群现状，对有恶癖的母鹿（如打仔，护仔特别强，对工作人员易造成伤害等）；胆小的母鹿，哺乳时不能受其他母鹿干扰；膘质较差的母鹿，在产仔前都需要隔离到单圈中。

（二）重视梅花鹿分娩前的征兆

梅花鹿分娩的征兆包括：①少食或绝食；②乳房明显膨胀，乳头增粗变红，阴门明显肿大外露；③好遛圈，其中个别母鹿边遛边鸣叫，或低声呻吟，有时张口喘，在圈门、水槽、料槽转圈、顶门；④频舔乳头、背部；⑤站立和爬卧反复进行；⑥有的母鹿没有上述明显症状，需要对每一头鹿勤观察，特别是关在小圈里的母鹿。

（三）观察母鹿的分娩过程

1. 正生

指胎儿两前肢先入产道，露出阴门口之外，头伏于两前肢的腕关节之上。分娩过程多数一般不超过一个半小时。如有下列情况出现，均判定为不正常分娩，需马上进行人工助产。

① 母鹿不用劲，分娩乏力。

② 双脚交叉。

③ 两前腿已露腕关节，但头未露出。

④ 只露一条腿，需马上驱赶母鹿活动让其缩回产道，直至两腿正常露出。

2. 倒生

倒生是指尾位分娩，这种情况下一般都需要等待较长时间，3～4 小时以上。如出现下列情况，需要特别注意，若人工不能助产，可以采用麻醉助产方法。

① 一条腿露出，需马上驱赶母鹿运动，至两腿正常露出。

② 母鹿不用劲。

③ 双腿已过关节，但没多少进展。

④ 仰面朝天（仔鹿腹部对母鹿背部），在观察时或看到仔鹿

蹄部白色朝下，但腿粗大、长。

（四）守护仔鹿，保证其吃上初乳

仔鹿能否吃上初乳是仔鹿成活最关键的要素。要保证尽量多地贮备初乳，鹿场初乳必须统一管理，统一使用。防止有的承包户没有初乳，影响弃仔或体弱仔鹿的成活率。有的承包户贮备的初乳不能及时有效地利用。要耐心，仔细观察仔鹿吃初乳，一般要观察到仔鹿吃上两次以上初乳才能离去。仔鹿如果超过 2 小时以上，没吃上初乳，需补喂一次初乳后，再继续观察。对体制较弱，在喂 2 次初乳后，定时给仔鹿喂牛奶，再次喂好后让母鹿舔仔鹿，一般在 2 天左右都能让母鹿自然带仔。对产后仔鹿一般不要惊动、挪动，有的母鹿胆小，怕受干扰，一定要小心观察。寻找代乳母鹿给仔鹿哺乳也是保证其成活率的主要因素，寻找代乳母鹿要遵照以下原则：

①驯化程度高，母性好的母鹿，培养成保姆鹿；

②能够保证进行人工强行驯化哺乳的母鹿；

③对代乳母鹿要仔细观察，保证母鹿奶量足够（如仔鹿腹围、哺乳仔鹿次数等），对代乳母鹿最好单独饲养。

人工哺乳仔鹿的注意事项：

①必须给仔鹿吃 3 次以上的初乳。

②掌握好牛奶的温度，按技术规程实行“三定”，保证牛奶及用具的清洁卫生，防止使用变质牛奶。

③一周以内严禁超奶量饲喂，10 天以后可适当加大奶量。

④一周以内要给仔鹿每天饮温开水，牛奶太稠时，要加少量水稀释。

⑤牛奶中要适量添加钙及维生素。

⑥注意给仔鹿勤排粪，并观察粪便状况。

⑦尽早给仔鹿补饲新鲜嫩草及精料。

五、提高鹿繁殖力的技术措施

提高梅花鹿繁殖力的主要技术措施有以下几方面。

（一）种鹿选配

（1）鹿种的选择应根据本地气候，饲料条件，鹿的生物特性来选择。梅花鹿因其鹿价格比较低，且饲养容易，深受养鹿者青睐。

（2）种鹿的选择标准应根据本品种的优良特性及基本特性，选择双亲生产性能高、体型大、体质强健、体型优美、耐粗饲、适应性强、抗病力强的后代作为种鹿，并结合其后裔测定选定。

种鹿的年龄，一般雄鹿在3~7岁，雌鹿在4~9岁。雄鹿要求头轮廓优美，线条清晰，头大额宽，草桩粗圆，花盘鼓豆整齐，呈平环连珠状。前躯发达，结构良好。肩宽，腰背平直，肌肉丰满，胸宽而深，腹围适中。四肢发达，粗壮有力，蹄紧实规正。睾丸左右对称，发育良好。已配种的种雄鹿性欲旺盛，受孕率高。产茸量比同龄生产群高20%~30%。雌鹿要求性情温顺，母性强，泌乳量大，繁殖力高，无恶癖，体型健美，被毛光滑，体躯长，后躯发达，乳房及乳头发育良好，背腰平直，四肢粗壮，蹄坚实，皮肤紧凑。

（3）雌雄种鹿选配应根据雌性鹿的个体或等级群的综合特征，选择适当的雄性种鹿进行配种。一方面可着重考虑交配双方的品质，选择具有相同生产特性和优点的雌雄鹿进行配种（同质选配）；也可选择具有不同优点的雌雄鹿进行配种，希望其后代能结合双亲的优点（异质选配）。另一方面，可着重考虑交配双方的血缘关系进行配种，但应避免近亲交配，防止生产性能退化。

（二）提高雄鹿的配种能力

（1）选择雄鹿适宜的繁殖年龄，在一般的饲养条件下，雄梅花鹿，生后36月龄，2锯雄鹿即可参加配种，最好是3锯时配种。

（2）控制梅花鹿的混群时间，一般在北方8月底至9月初，雌雄鹿群开始配种繁殖，但实际发情配种要晚半个月左右，梅花鹿比马鹿要晚10天左右，而育成鹿或初配鹿还要晚10天左右。

（3）加强鹿的调教，控制试情配种放对时间，可以充分发挥种雄鹿的配种能力，加速鹿群的改良速度，提高繁殖力，种雄鹿从1岁初配时开始就需要加强调教。一般于8月下旬锯完再生茸以后，从雄鹿有性行为表现时起，按照放对试情配种的次数和时间，由专人给予固定的口令或喊声，训练和控制其不良行为，引导其有益于配种放对的行为和条件的建立，保证放对配种的顺利进行。

（4）定时放对配种，在种鹿配种旺盛时期，每天要保证4次试情配种，每次放对时间不少于30分钟。在配种前期和末期，应保证上、下午都有放对时间。交配结束后再把种雄鹿拨出来。如同时有几只雌鹿发情，可用几只不同的种雄鹿配种。配种时要保持环境安静，严防惊吓刺激。

（5）对有条件的鹿场采取人工授精方法，目前，主要采取试情法来鉴定雌鹿是否发情。一般在雌鹿发情后8～10小时进行输精，总受胎率可达75%以上。

（三）提高雌鹿的配种能力

（1）建立育种核心鹿群，从母鹿群中选择最优秀的个体建立育种核心雌母鹿群。一般是选择优良种雄鹿的后代，加以定向培育，而获得预选雌鹿，再经过一次繁殖加以选定。但大多数是在普通生产群中通过繁殖成绩和后裔鉴定，从经产雌鹿中选定。

选定的标准也多注重外貌和年龄等条件。

（2）雌梅花鹿适宜的配种年龄为出生后 7 ~ 16 个月龄，此时表现出性行为，能产生卵子，可以交配繁殖。但是，对身体尚未完全发育成熟的青年鹿，过早配种会影响其生长发育及使用年限，繁殖后代弱小，发育差。因此，应在雌鹿体重达到标准体重的 70% 才能配种。梅花鹿在 2 岁左右开始配种繁殖最为适宜。

（3）种雌鹿群应有最佳年龄结构，老幼鹿比例过高，甚至连续几年没有 2 ~ 6 岁较佳繁殖年龄的雌鹿，不仅会直接影响雌鹿群的繁殖力，而且对育种影响更大。因此，应根据系谱选留繁殖力强、乳房大、历年产仔早的保姆鹿、双胎雌鹿后裔和产雄鹿多的雌鹿留作种用。种母鹿在整个母鹿群中成年母鹿应占 77.3%、育成母鹿占 10.5%、子母鹿占 12.2%，这种结构对鹿群的正常发展有利，否则就会出现年龄断层和发展失调。

（4）合理的营养水平，雌鹿过肥、过瘦均会影响其繁殖力，一般在 7 月至断奶前一周，应给予足够的蛋白质、维生素及无机盐类饲料，直到 11 月中旬的发情配种期间，保持梅花鹿有中上等膘情。过肥的鹿只因卵泡发育不正常大都空怀，瘦鹿也不能正常发情、排卵，因此对种用鹿应科学合理地饲养。

（5）充分利用杂交优势引进种雄鹿或精液，与本场雌鹿进行种间或类型间杂交，采用现代繁殖技术手段，如人工授精技术、同期发情技术和相应的查漏补配技术等，做好雌鹿保胎产仔的各种工作，有可效地提高繁殖率、成活率、双胎率、产雄仔率。

提高茸鹿繁殖成活率的技术措施在做好种用公母鹿选择的基础上还要做好选配工作，选种和选配是密切关联的，是不断改善鹿群和整个种类品质两个相连续的环节，选种时必须根据鹿的外貌、体质、生产性能、品种来源及后代的品质等进行全面鉴定；选配是有意识地按照人们的需要，来提高鹿的品质，所以只有两者兼顾才能提高鹿的总体质量。

第五章　梅花鹿幼鹿快长新技术

幼鹿按照其生理变化及饲养管理阶段可划分为3个时期：即哺乳期、离乳期和育成期。哺乳期幼鹿指从出生到断乳阶段的仔鹿；离乳期幼鹿指从断乳开始到出生当年年底阶段的仔鹿；育成期幼鹿指出生第2～3年的育成鹿。

一、幼鹿的生长特点

（一）幼鹿生长发育特点

幼鹿生长发育规律与其他动物基本相同。在机体组织中，神经属于与生命关系最重要的部分，因而必然优先发育。其次是骨骼、肌肉及脂肪组织的发育。此外，肝脏发育与鹿的营养水平紧密相关，瘤胃的发育与饲料种类的关系极为密切。

（二）体型、体重的变化

体型的变化取决于骨骼的发育情况，在仔鹿出生前骨骼即已开始发育，仔鹿初生重仅为成年鹿的4.5%，但腿长却达到成年鹿的45.27%，体高达42.72%，体长达35.5%，胸深达30.52%，胸宽达31.35%，坐骨宽达25.0%。因此，初生仔鹿有腿骨长、后躯高和坐骨宽度发育较迟缓的特点。

仔鹿出生后，其体尺各部位的生长强度也并不一致。据研究，鹿从出生至90日龄时，公仔鹿体高较体长大6.9厘米，母仔鹿体高比体长大5.3厘米。公仔鹿在90天内体高增长30.8厘米，增长率为 69.5%，而体长增长 33.24 厘米，增长率为 94.84%。这说明，体高是属于早期生长部位，而体长与体深次之，体宽特别是后躯宽度是较晚生长的部位。

梅花鹿仔鹿在不同的生长发育时期，其生长速度变化较大。1 月龄以前、1～2 月龄、2～3 月龄、3～6 月龄、6～12 月龄等 5 段时间里，每个月的平均增重率分别为 105.0%，70.7%，45.9%，22.9% 和 4.4%。也就是说，初生仔鹿相对生长速度最快，随着月（年）龄的增长，其生长速度逐渐减慢。

（三）瘤胃的发育

仔鹿在初生时，瘤胃的容积很小，第一胃和第二胃（即瘤胃和网胃）仅占 4 个胃总容积的 1 半；30～40 日龄时占 58%；3 月龄时占 75%；1 岁时占 85%，1 岁时基本完成了瘤胃的发育。

仔鹿在 1～2 周龄时几乎不进行反刍，至 3～4 周龄时反刍才开始。这时只能摄取少量的精饲料和树叶，同时消化固体饲料以第四胃及肠道为主。因为鹿的瘤胃、网胃和瓣胃都没有分泌消化液的腺体，只有真胃（皱胃）能分泌消化液，在前 3 个胃功能没有建立以前，主要靠真胃进行消化。真胃不分泌淀粉酶，这是进行早期断奶时必须考虑的问题。在仔鹿生后 4～10 周，除饲喂全乳外，曾对饲喂不同比例的高级混合精饲料及树叶进行试验。

二、影响幼鹿生长发育的因素

幼鹿的生长发育受遗传因素和环境因素的影响。遗传因素决定生长发育的潜力或最大限度，环境因素在不同程度上影响遗传赋予的生长潜力的发挥，最后决定生长发育的速度及可能达到的程度。

（一）遗传因素

遗传因素对幼鹿生长发育的影响是先天性的，不受人为因素影响，如品种、父本母本的遗传距离、遗传力影响等。

（二）环境因素

（1）营养水平的影响

日粮营养水平是影响幼鹿生长发育的重要环境因素，在其不同发育时期具有不同的营养需要，蛋白质、脂肪、维生素、矿物质等摄入量对其生长发育的影响至关重要。诸如体高、体长、体重、产茸量等一些数量性状都必须在保证摄入足够营养的前提下，其生长发育速度和潜力才能够得到最大程度的发挥。

（2）饲养管理的影响

幼鹿通常为群体饲养，饲养管理水平也是影响其生长发育的一个重要因素。如断奶时间、人工补饲、圈舍环境、免疫程序等都会影响其生长发育的速度和质量。

（3）疾病的影响

幼鹿阶段是建立自身免疫的关键时期，其母体抗原逐渐削弱，自身抗原逐渐增强，此时期幼鹿抵抗力较弱，易多发疾病。饲料的更换、饮水的质量、气候的变化等都会造成幼鹿突发疾病，从而影响其生长发育。

三、幼鹿生长发育期的营养要求

从鹿的生长发育规律上看，幼鹿生长强度大，物质代谢旺盛。因此，对营养物质的需要量较多，特别是对蛋白质、矿物质要求较高。生长期主要是骨骼和急需参加代谢的内脏器官发育，后期主要是肌肉发育和脂肪沉积。因此，在1~3月龄必须保证营养物质的全价性，提供较高的营养水平，能量蛋白比例适当，钙磷比例以（1.5~2）：1为宜。4~5月龄对营养物质的需要更为强烈，此时应注意供给各类蛋白质饲料，适当增加日粮中禾本科籽实的供给量。由于幼鹿消化道容积小，消化系统的生理机能弱，因此，其对日粮的营养浓度要高，并且要容易消化。采用科学的饲养管理措施，会使幼鹿培育收到良好效果，在整个哺乳期内，公梅花鹿仔鹿日增重可达200~300克，母梅花鹿仔鹿日增重可达170~270克。

幼鹿生长发育的可塑性较大，因此，饲养管理条件对其体型和生产性能影响也较大。若在幼龄育成阶段，营养先好后坏，则促进早期组织和器官的发育，抑制晚熟组织和器官的发育，成年后四肢细长，胸腔浅窄，以后很难补偿。如果营养先坏后好，则抑制早熟部位的发育，促进晚熟部位的发育，也出现畸形体型。因此必须保证营养供给始终科学合理。

实验表明，梅花鹿育成期精饲料适宜能量浓度（总能）应为17.14~17.97兆焦/千克，适宜的蛋白质水平为28%，适宜的蛋白质能量比为16.40~17.22克/兆焦（粗蛋白质/总能）。同时，梅花鹿育成期精料的能量浓度与蛋白质水平对于蛋白质消化率、能量消化率和粗纤维消化率的互作效应显著，饲喂低能量浓度或低蛋白质水平的定量精饲料时，其粗饲料的采食量比饲喂高能量浓度或高蛋白质水平时有所提高，饲料的蛋白质消化率、能量消化率和粗纤维消化率均随着精饲料浓度的提高而有所提高。此外，梅花鹿育成期与育成后期比较，前期对日粮中蛋白质消化率较后期高，对粗纤维的消化率较后期低。

不同性别幼鹿的蛋白质需要量有所差异，2~4月龄梅花鹿每日可消化蛋白质为100~105克，2~3月龄梅花鹿每日需要可消化蛋白质110~120克，断奶后至4月龄每日需要120~125

克。幼鹿骨骼生长发育，对钙和磷需要迫切，每日需要钙5.5～5.6克，磷3.2～3.6克。此外，维生素A和维生素D必须满足需要，否则会出现缺乏症。

幼鹿的生长发育，必须有充足的营养供应，当营养素供给比利适当，加之适宜的生活环境，可使生长潜力得到最好的发挥，否则，由于饲养管理不佳，营养供给不足则严重影响体格发育，使机体免疫、内分泌、神经调节功能低下，体质状况不佳，生长潜力将不会得到很好地发挥。因此合理的营养是维持幼鹿健康成长的重要因素，对于今后的体质发育及生产性能发挥具有极其深远的影响。根据其生长发育特点，在生长发育初期骨骼生长发育速度最快，内脏器官的发育也不断完善，所以，这一段时期需要全面的营养物质，特别是蛋白质、维生素及矿物质的供给，生长发育后期即3～5月龄后，生长发育中心由骨骼生长转移到肌肉发育和脂肪沉积阶段，因此该阶段则应保证能量、蛋白质、脂肪营养的充足供应，提高膘情。由于幼鹿时期消化器官及消化机能还处在发育和逐渐适应外界的时期，表现在消化器官容积小，消化机能弱，因此，在饲喂精、粗饲料选择上应本着易消化、营养全面丰富的原则，合理调整饲料粉碎细度、浸泡时间、饲喂量、饲喂次数及饲喂时间等，为其提供丰富的营养，优厚的生长发育环境，从外因上保证鹿群的健康发展。在良好的饲养条件下，幼鹿在生后80日龄左右胎毛脱换，梅花鹿仔鹿平均日增重可达300克。

四、幼鹿生长期饲养管理要点

（一）初生仔鹿的护理和喂养

仔鹿出生7～8天为初生期，这一时期的饲养管理是幼鹿整个生长发育期的开始，关系到整个幼鹿培育过程的成败。

由于初生仔鹿的组织器官尚未发育完全，机体各方面生理机能不健全，消化机能不完善，特别是仔鹿的瘤胃发育很不完善，微生物区系尚未建立，胃蛋白酶分泌量少，故哺乳仔鹿只能利用胃内分泌量较多的乳糖酶、凝乳酶，消化吸收母乳中的乳糖、葡萄糖和乳蛋白来获取营养。另外，初生仔鹿免疫力低，屏障机能弱，抗病力差，易诱发多种疾病，对外界不良环境的抵抗力较弱，故需特别注意做好以下几项工作。

（1）哺喂初乳

同其他哺乳动物一样，初乳对仔鹿非常重要。初乳（产后1～3天的乳）含有许多常乳缺少的营养物质，这些物质可提高仔鹿的抗病力，促进仔鹿肠胃系统的发育。初乳黄红色而黏稠，比常乳的总干物质多，在总干物质中除乳糖较少外，其他含量较常乳多，尤其是含有丰富的球蛋白、白蛋白、免疫物质、酶、维生素、溶菌酶等。初生仔鹿通过初乳获得免疫，能抵抗传染病的侵袭，并且初乳含有较多的镁盐，能促进胎便排出。

仔鹿出生后要尽早吃到初乳，一般在2小时内吃到为最好，最晚不应超过6～8小时。正常情况下，仔鹿在出生后10～30分钟就能站立自行寻找乳头，吃到初乳。仔鹿能否吃到初乳对其生长发育至关重要。对初生仔鹿看护的关键主要看其是否吃上初乳。如果生后6～8小时仔鹿尚未吃到初乳，就会变得软弱无力，甚至造成死亡。即使得以挽救，对以后的生长发育也会产生相当不利的影响。第一次吃乳早晚是胚胎期发育好坏和生命力强弱的重要标志，也与分娩母鹿的温顺程度、母性强弱及管理环境有关。在正常环境下，母性强的母鹿分娩后寸步不离其幼仔。舔舐爱抚，仔鹿很快就被舔干站立起来，甚至有的母鹿产后卧地舔舐，使仔鹿在站立以前就已经吃到初乳。一些母性差的母鹿分娩后，往往因受惊扰或其他因素，（如初产母鹿惧怕胎儿，恶癖母鹿扒咬仔鹿，难产母鹿受刺激过重等）而不管其仔，使仔鹿不能及时吃到初乳时，需人工辅助使之及早吃到初乳。可将母鹿用药物麻醉，让出生仔鹿含住母鹿初乳。也可将母鹿用药物麻醉后，用清洁的湿毛巾擦净乳房。用 50～100 毫升金属注射器的玻璃管，一端纳进活塞，调节好松紧度，一端罩在母鹿乳头上，往回抽活塞，初乳被抽出，然后往回送活塞 1～2 厘米，由乳头上取下玻璃管，将初乳倒入消毒过的奶瓶内，可直接喂仔鹿，也可冻存。在吃不到鹿的初乳时，哺位调制好的羊、牛的初乳也有一定效果。

（2）精心护理

初生期的仔鹿在各方面生理机能和抗御能力上还不健全，急需人为的辅助管理。一般健康母鹿均能正常产仔，产前要及时做好卫生防疫和保温防寒等产仔准备工作，这对早春顺利产仔十分必要。仔鹿刚出生时，由于机体遍身胎水黏液，尤其是在早春季节，如果母鹿未能及时舔干，造成仔鹿体热散失较快，易导致衰弱或死亡，此时必须人为用温热的，不带香皂、酒精等刺激性气味的湿毛巾或纱布、脱脂棉尽快擦拭干净或马上找到温顺的母鹿代为舔干。特别应及时清除口腔和鼻孔中的黏液，以免仔鹿窒息死亡。另外，在早春季节出生的仔鹿，要特别注意圈内的保温防潮准备工作，可在产仔圈里铺垫些软干褥草等。出生仔鹿在吃过 2～3 次初乳之后，需要检查脐带，如未能自然断脐，可实行人工辅助断脐，并进行严格消毒，防其发炎，随后进行标记、称重和产仔登记等工作。

（3）仔鹿代养

仔鹿代养是提高仔鹿成活率可靠而有效的措施。当初生仔鹿得不到亲生母鹿直接哺育时，可为它寻找一性情温顺、母性强、泌乳量高的同期产仔母鹿作为保姆鹿，同时哺育亲生仔鹿和代养仔鹿，这些能哺育非亲生仔鹿的产仔母鹿叫保姆鹿。好的保姆鹿能在产仔旺期同时代养活几只弱生的或被弃的仔鹿。为确保代养成功，最好选择分娩后 1～2 天内的母鹿代养。因为，分娩不久的母鹿母性强，易于接受自产以外的仔鹿，被代养的仔鹿能吃到初乳，增强抗病力，有利于生长发育，保姆鹿的自产仔鹿与被带养的仔鹿日龄、强弱相近，哺乳量均衡，发育一致。

仔鹿代养的方法是将选好的保姆鹿放入小圈，送入代养仔鹿，如果母鹿前去嗅舔而不扒咬，可认为能接受代养，继续观察代养仔鹿能否吃到初乳，凡是哺过2～3次乳以后代养就算成功。母鹿不接受代养多是由于仔鹿身上有异味，这时可将母鹿的尿或乳汁涂于代养仔鹿的头或臀部，或将母鹿的嘴、鼻、乳房和代养仔鹿的嘴、鼻、臀部涂上碘酒，然后将母鹿和代养仔鹿放在一个小圈内看管1～2天，就可能接受代养。代养初期，代养仔鹿体弱自己哺乳困难时，需人工辅助并适当控制保姆鹿自产仔鹿的哺乳次数和时间，以保证代养仔鹿的哺乳量。在此期间，除护理好两只仔鹿外，对保姆鹿需要加强饲养，喂给足够的优质催乳饲料，以便分娩更多的乳汁。还应注意观察母鹿泌乳量能否同时满足两只仔鹿的需要，如果发现仔鹿哺乳次数过频，哺乳时边顶撞边发出叫声，哺乳后腹围变化不大，说明母乳量可能不足，应另找代养母鹿，以防止两只仔鹿都受到影响或甚至造成仔鹿死亡。代养仔鹿要适当延长单圈饲养的时间7～8天，并精心管理、白天和夜间都要人辅助仔鹿哺乳，当两只仔鹿都已强壮时，可拨入哺乳母鹿大群。

双胎仔鹿往往比一般单胎仔鹿体质弱小，而且双胎仔鹿一强一弱者居多，管理不善难以全部成活。可采取亲母鹿先保活其中一只，另一只按仔鹿代养的方法加强护理的保活措施。

（二）哺乳仔鹿的补饲与管理

（1）哺乳仔鹿的补饲

仔鹿的生长发育是非常迅速的，特别是到了哺乳的中期和后期，母乳提供的营养物质已不能满足仔鹿生长发育的需要，如不进行人为补饲就会出现肢长身短发育不良现象。对哺乳仔鹿宜早期进行补饲，不仅补充营养不足，同时还可促进仔鹿的消化器官的发育及消化生理系统的适应能力，以便在离乳后可很快适应新饲料条件，减少断乳应激。仔鹿采食后，其瘤胃和大肠的生长发育加快，胃肠容积扩大，消化能力增强，这是由反刍动物消化道对纤维有特殊消化能力的遗传性所决定的。因此，在哺乳期通过补饲，特别是喂给一些植物性粗饲料及多汁饲料，来刺激仔鹿的消化系统，可以促进胃肠容积的扩充和消化能力的提高。这对培育耐粗饲、适应能力强的鹿群更有其重要的意义。

一般仔鹿在出生后 10 余天，便可开始随母鹿采食少量的精、粗饲料，同时出现反刍现象。这时应在仔鹿保护栏内设补食槽，投给一些营养丰富易消化的混合精料。混合精料的比例一般为：豆粕 60%（或豆饼 50% 及黄豆 10%），高粱（炒香、磨碎）或玉米 30%，细麦麸 10%，同时加入适量的食盐、碳酸钙和仔鹿添加剂。混合精料需用温水调和拌匀呈粥状，初期每晚补饲一次，后期每日早、晚各补饲一次。每次补量不宜过大，防止剩料。补饲量逐渐增加，需防止饲料腐败使仔鹿食后生病。梅花鹿哺乳仔鹿的补饲精料量参见表 5 – 1。

表 5 – 1　哺乳仔鹿的补饲精料量　（克）

日龄	20 ~ 30	31 ~ 50	51 ~ 70	71 ~ 90
梅花鹿	50 ~ 100	150 ~ 200	250 ~ 300	300 ~ 400
马鹿	100 ~ 200	300 ~ 400	500 ~ 600	600 ~ 800

对哺乳仔鹿可不必单独补给粗饲料，可随母鹿自由选择采食，但应投给一些质地柔软、鲜嫩的青绿饲料、青干草和嫩枝叶，开始补饲后应增设水槽，以保证哺乳仔鹿饮水。

但仔鹿从 15 日龄起就应该锻炼其采食饲料，以后逐渐给予多汁植物、草等，以促进瘤胃的消化功能。在管理上，仔鹿出生时应注意防止鼻孔黏液阻塞引起窒息，注意保温取暖，保持仔鹿保护栏或小床内铺垫清洁柔软的干草或树叶，勤换垫料，搞好卫生消毒。

（2）哺乳仔鹿的管理

哺乳期间，哺乳仔鹿和母鹿同处一舍，为保证仔鹿安全，减少疾病，提高成活率。一是，应设置仔鹿保护栏，保护栏之间的间距不要过窄或过宽，否则容易造成夹伤仔鹿或母鹿进入偷食，一般梅花鹿以 15 ~ 16 厘米为宜。栏内要保持清洁干燥，垫草需勤换，搞好卫生消毒，出生 1 周以内的仔鹿，大部分时间愿意在保护栏内固定的地方伏卧休息，要每天定时对其慢慢轰赶，增加其运动量。二是，每天要随时注意观察仔鹿精神状态，卧位和卧姿是否正常，鼻镜、鼻翼和眼角情况及食欲、排便、运动等情况是否正常，发现有异常情况应及时采取应对措施。三是，此期间仔鹿舍内应平坦、干燥，水质洁净，饮水槽高度适宜并应设木质帘板，避免淹死仔鹿。四是，仔鹿在此期的可塑性很大，应及时对其进行驯化、调教，以利于以后各种饲养技术的实施。在离乳前半个月左右开始加强对饲料、口令和周围环境的驯化调教，以便为顺利离乳分群做好充分准备。五是，遇到恶劣天气时，要把在运动场里的仔鹿哄赶到棚舍内，或将其抱入产仔保护栏内。

（三）仔鹿的人工哺乳

当仔鹿出现下列情况而又找不到代养母鹿时则需要进行人工哺乳：产后母鹿无乳、缺乳或死亡；恶癖母鹿母性不强、拒绝仔鹿哺乳；初生仔鹿体弱不能站立；从野外捕捉的初生仔鹿；以及为了进行必要的人工驯化等。

（1）人工哺乳的方法

人工哺乳主要是利用健康牛、羊的初乳和常乳直接喂仔鹿，或用人工配制的乳汁。人工乳的配制方法：取鲜牛奶1 000毫升，鲜鸡蛋3～4个，鱼肝油15～20毫升，沸水400毫升，食盐4克，葡萄糖适量。将牛奶过滤煮沸，待奶温降至50～60℃时，再将冲开的鸡蛋和鱼肝油一并倒入，搅拌均匀，盖好纱布备用。

目前，仔鹿人工哺乳分短期人工哺乳和长期人工哺乳两种方式。短期人工哺乳的目的是为了训练仔鹿能自行吸吮母乳，长期人工哺乳则是在仔鹿无法获得鹿乳时进行的全哺乳期人工哺乳。在人工哺乳中，仔鹿能否吃到初乳是关键。实践证明，仔鹿能吃到初乳就能正常生长发育，成活率较高，反之则容易患病和死亡。

具体方法是将经过消毒的乳汁（初乳或常乳）装入清洁的奶瓶，安上奶嘴，温度调到36～38℃，用手把仔鹿头部抬起固定好，将奶嘴插入仔鹿的口腔，压迫奶瓶使乳汁慢慢流入，切不可操之过急，防止呛入气管。如仔鹿出现挣扎，须适当间歇。哺乳数次后仔鹿即能自己吸吮。大群人工哺乳时可使用哺乳器，能节省人力。在人工哺乳的同时，要用湿纱布擦拭按摩仔鹿的肛门周围或拨动鹿尾，促进排出胎便，以防止仔鹿排泄障碍导致死亡。

人工哺乳的时间、次数、数量应根据仔鹿的种类、出生、体重、日龄、发育情况等来决定。对1～4周龄的仔鹿应进行少量多次喂给，喂量逐渐增加，5周龄后随着喂量的增加喂给次数可逐渐减少，3日龄内要保证喂初乳。梅花鹿仔鹿人工哺乳的次数和哺乳量可参照表5－2。

表5－2　梅花鹿仔鹿人工哺乳喂次、喂量参考表　（克）

仔鹿日龄	1～5	6～10	11～20	21～30	31～40	41～60	61～75
日喂次数	6	6	5	5	4	3	3
初生重5.5千克以上	480～960	960～1 080	1 200	1 200	960	600～720	450～600
初生重5.5千克以下	420～900	840～900	1 080	1 080	870	450～600	300～520

（2）人工哺乳注意事项

使用的牛、羊等初乳和常乳要经过检疫，绝对保证未患结核及布氏杆菌病等传染病，否则易使仔鹿感染。必须坚持做好乳汁的消毒，切勿喂变质的乳汁。对30日龄以内的仔鹿应适当补给一些鱼肝油和维生素，以促进生长发育。无论是初乳或常乳，不要加水稀释，否则易引起仔鹿的消化机能紊乱或营养不足。

仔鹿人工哺乳室要求宽敞明亮，阳光充足，清洁干燥，保温（15℃以上），每鹿占地1～2平方米，有适当的运动场。人工哺乳成功率很大程度上决定于卫生条件，所以乳具必须经常保持清洁，每天都应进行彻底的清洗、消毒，用前用后要洗刷干净。哺乳室、仔鹿栏应定期消毒。仔鹿栏内的褥草要勤换，保持干燥洁净。仔鹿肛门周围粘着的粪便，要随时擦拭干净，保持鹿体清洁卫生。

人工哺乳时必须定时、定量、定温。定时哺乳有利于形成稳定的条件反射，以利消化。哺乳量至关重要，不足或过多都会引起仔鹿的消化机能紊乱或营养不足。实践证明乳汁的温度保持在36～38℃为宜。

人工哺乳时要尽量引导仔鹿自动吸吮，不应开口灌喂。哺乳时要避免仔鹿受到惊吓，以防止造成消化不良。15日龄以内的仔鹿每次哺乳完毕后，必要时可采取人工协助排便措施。

应适当提早训练仔鹿采食精、粗饲料，以便适时断乳。1周龄以内的仔鹿，每天必须给饮2次温开水，每次给量不超过奶量的2/3。1周龄以后，可以自由饮用水槽里面的凉开水。10日龄前后开始喂给鲜嫩的树叶、青草等青饲料（新采集的青饲料最好晒半天，使其脱些水分，否则会引起拉稀）锻炼采食能力和胃肠功能。15日龄前后开始应喂给少许经熟化的混合饲料，每日喂3～4次，30分钟后可将剩料撤出。

哺乳时应对仔鹿进行正规调教，培育理想骨干鹿，切不可与之顶撞相戏，以防养成恶癖。

平时要经常注意观察哺乳仔鹿的精神状态、食欲、粪便、尿液、健康等情况，发现异常及时查明原因，以便解决。

(四) 离乳仔鹿的饲养管理

从8月中、下旬断乳到当年年底的仔鹿称为离乳幼鹿。在生产实践中常在8月中、下旬一次性将当年产的仔鹿与母鹿全部分开进行断乳分群。可根据实际情况，对晚生、体弱的仔鹿可推迟到9月上旬进行二次断乳分群，以保证其发育和成活。离乳后分成若干个离乳仔鹿群，每群以40～50只为宜。视离乳仔鹿的多少进行合理分群，最好应按性别、出生先后和体质强弱等分成若干小群。断乳分群时最好把仔鹿留在原圈，而将母鹿拨出。因为，母鹿相对容易从原圈舍拨出来，可避免拨鹿时的一些伤亡；再者，就是仔鹿熟悉原来的圈舍，可减轻对原环境的思恋，有利于尽早安定下来。也可以把母鹿留在原圈，而将仔鹿拨出。方法是用驯化程度较好的一只或几只母鹿，先将仔鹿顺利领到预定的离乳仔鹿圈内，然后，再慢慢地放回或拨出母鹿。分群后离乳仔鹿群应尽量远离母鹿群。

(1) 离乳仔鹿的饲养要点

仔鹿刚断乳时，思恋母鹿，鸣叫不安，采食量大减，需经过1周左右的适应期后才能恢复正常。

断乳后半个月左右的饲养是离乳仔鹿的最关键阶段。离乳初期仔鹿消化系统仍缺乏足够的锻炼，消化机能尚未完善，特别是有些出生晚、哺乳期短的仔鹿不能很快适应新的饲料条件。因此，日粮应由营养丰富、容易消化、适口性好的饲料组成，在断乳初几天内，应尽量维持哺乳期仔鹿习惯采食的各种精粗饲料和饲喂方式。断乳后仔鹿处于早期育成阶段，如果饲养条件优良，其生长非常迅速，因此要抓紧这段时间给予丰富的营养，促其尽快地生长发育。在此期间，要特别注意日粮的营养水平和全价性。

（2）离乳仔鹿的管理要点

一是为离乳仔鹿营造舒适的生活环境，棚舍内要保持清洁干燥，注意防风，确保采光良好，畜床要定期清除粪便、尿水。运动场要宽敞，要留有足够的垫物，避免磨伤蹄垫部。仔鹿好钻的门等空隙要封好。在北方，初冬时节应有充足的棚内垫草，入冬后对晚生、体弱的仔鹿可采用塑料大棚饲养管理到翌年 3 月底。二是安排经验丰富、责任心强的饲养人员，耐心谨慎地接触仔鹿群，使之尽快安稳下来。当仔鹿稳定和采食正常之后，尽早利用食物引诱，结合大群驱赶的方式，坚持经常有规律的进行驯化。每次驯化时间不宜过长，以上午、下午各 1 小时左右为宜，保证仔鹿有充分的休息时间。

（五）育成鹿的饲养管理

一般将生后第二年开始至成年的第一段时间的幼鹿称为育成鹿，其中公鹿较母鹿育成期长。此时期鹿已完全具备独立采食和适应各种环境的能力。但鹿仍处于生长发育的旺盛阶段，其体躯、体重、消化器官等生长发育的速度仍然很大。饲养管理不能放松，要保证足够的营养需要，使其各个器官组织得以正常发育，特别是使其消化器官得以充分发育，为培养出体质健壮、生产力高、耐粗饲和利用年限长打下良好的基础。

（1）育成鹿的饲养要点

育成鹿是从幼鹿转向成年鹿的一个关键阶段。育成期饲养的好坏，决定着以后生产性能的高低。因此，必须利用此时期能较多利用粗饲料的特点，尽可能利用一些青粗饲料，但初期瘤胃容积有限，尚不能保证采食足够量的青粗饲料以满足鹿生长发育的需要。因此，对 1 岁以内的后备鹿仍需喂给适量的精饲料，特别是要使鹿达到显著增重时更应如此。但精饲料的比例不宜过高，以免影响消化器官的发育，特别是瘤胃的发育。

（2）育成鹿的管理要点

在管理上，一是应按育成鹿的性别和体况适时进行分群，根据公、母鹿的发育速度、生理变化、营养需求、生产目的等进行科学饲养。二是做好卫生消毒、防寒保温工作。圈舍内应保持清洁干燥，及时清除粪便，做到定期消毒，防止疾病的发生。由于处于越冬期的育成鹿，体躯小，抗寒能力仍较差，应采取必要的防寒措施，特别是北方地区，更要积极采取防寒措施，堵住鹿舍墙壁的风眼，尽量使鹿群栖息处避开风口和风雪袭击，以减少体热的散失，降低死亡率。三是加强看管，制止个别早熟鹿混交乱配，避免穿肛等伤亡事故的发生。育成公鹿在配种期也有互相爬跨的现象，体力消耗较大，有时可造成直肠穿孔乃至死亡，此种情况多发生在气候骤变的阴雨降雪或突然转暖的天气。四是要继续加强育成鹿的调教驯化，建立新的更复杂的条件反射，增强对各种复杂环境的适应能力。同时，结合调教驯化加强运动以增加采食量，增强体质，防止疾病发生。圈养舍饲鹿群每日必须保证轰赶运动 2～3 小时，夜间最好也轰赶运动一次。

五、幼鹿的饲料配制

幼鹿离乳后应根据其生理特点和采食特点给予配合日粮，以满足其营养需要。

（一）离乳仔鹿的饲料配制（表 5－3）

根据离乳仔鹿食量小、消化快、采食次数多的特点，离乳初期日喂 4～5 次精粗料，夜间补饲 1～2 次青粗饲料，随着仔鹿日龄和采食量的增加，要逐渐增加饲料的给量，不可一次突然增加过量，以后逐渐过渡到育成鹿的饲喂次数和营养水平，一般到10月其饲喂次数可减到和育成鹿的相同。

表5－3　离乳仔鹿精料量参考表　（克）

饲料种类	梅花鹿					马鹿				
	8月	9月	10月	11月	12月	8月	9月	10月	11月	12月
豆饼与豆科籽实	150	250	350	350	400	300	400	500	500	500
禾本科籽实	100	100	100	200	200	200	200	300	300	400
糠麸类	100	100	100	100	100	100	100	100	100	100
食盐	5	8	10	10	10	10	10	10	10	10
碳酸氢钙	5	8	10	10	10	10	10	15	15	15

离乳仔鹿的饲料加工调制要精致，如可将大豆制成豆浆，豆饼制成粥，饲喂效果比浸泡饲喂要好。要保证充足的优质的粗饲料和洁净的饮水。在北方，4～5月龄的离乳仔鹿便进入越冬季节，由于粗饲料多为干枝叶、干草和农副产品类饲料，应供给一部分青贮饲料和其他含维生素丰富的多汁饲料。并注意矿物质的供给，必要时可补饲维生素和矿物质添加剂，以促进其生长发育并防止佝偻病的发生。

（二）育成鹿的饲料配制

育成鹿的日粮配合中，精粗饲料的比例应适当，精饲料过多，会影响消化器官的发育，特别是瘤胃的发育，进而降低鹿对粗饲料的适应能力；精饲料过少，也不能满足育成期生长发育的营养需要。在饲养上满足其营养需要的日粮蛋白质水平应在23%左右，并且应尽量增加饲料容积。为此，对于育成鹿的粗饲料供给无论从数量上或者质量上都必须做到最大限度的满足，并随时根据粗饲料的种类、质量对精饲料的配合成分和喂量进行适当的调整，以保证育成鹿获得充足的营养，从而正常生长发育。注意早期不要过多使用青贮饲料，否则可能影响生长，特别是劣质青贮更不可以使用。育成鹿的日粮配方参照表5－4、表5－5。

表5－4 育成鹿粗料经验日粮

地区与饲料	1月	2月	3月	4月	5月	6月	7月	8月	9月	10月	11月	12月
农区												
发酵饲料	0.6	0.6	0.7	0.7	0.8						0.4	0.5
大豆荚皮	0.5	0.6				0.6						0.7
青贮饲料			1.4	1.4	1.5	1.5				1.5	1.5	2.0
青割饲料						1.5	4.5	5.0	5.0	3.5		
根茎瓜类	0.3	0.3							0.5	0.5	0.5	0.3
山区半山区												
干枝叶类	1.0	1.0	0.5	0.6	0.6	1.2				0.6	0.7	1.5
发酵饲料	0.3	0.3	0.3	0.35							0.4	0.5
青贮饲料			1.4	1.4	3.0					3.5	1.8	
青草、青树叶												
块根块茎	0.3	0.3							0.5	0.5	0.5	0.3
草原区												
青干草	1.5	1.0	1.0	1.0	0.5						1.2	2.1
青草										1.0		
青贮饲料		1.4	1.5	1.5								1.5
块根块茎	0.2								0.3	0.4	0.4	0.2
瓜类												0.2

表 5－5　育成鹿精料经验日粮　（千克/头）

饲料种类	育成公鹿				育成母鹿			
	1 季度	2 季度	3 季度	4 季度	1 季度	2 季度	3 季度	4 季度
豆饼与豆科籽实	0.4	0.4～0.5	0.7	0.7	0.3	0.4	0.45～0.5	0.45～0.5
禾本科籽实	0.2～0.3	0.2～0.3	0.2	0.3～0.4	0.2	0.2	0.2	0.2
糠麸类	0.3	0.3	0.3	0.3	0.3	0.3	0.3	0.3
酒糟类	0.3～0.4	0.4	—	0.5	0.3～0.4	0.4	—	0.5
食盐	10	15	15	20	10	15	15	20
碳酸氢钙	10	15	15	15	10	15	15	15

第六章　成年公梅花鹿的饲养管理

一、成年公梅花鹿生茸期特点、营养需要及饲养管理

（一）成年公梅花鹿生茸期特点

梅花鹿的生茸期在每年的4～8月，是获得鹿产品的重要时期。公鹿生茸期的生理特点是性欲消失，睾丸萎缩，食欲增进，代谢旺盛，鹿的体重不断增加，鹿茸生长迅速。梅花鹿于4月初开始脱盘生茸，5～6月为成年公鹿长茸盛期，6～7月为2～3岁公鹿的生茸盛期，7～8月为生茸后期和再生茸生长时期。一般公鹿脱盘长茸40天左右为二杠茸，70天左右为三杈茸。平均日增茸在40克左右。

（二）成年公梅花鹿生茸期营养需要

公鹿的生茸期正值春夏季节，公鹿在此期内其新陈代谢旺盛，所需要的营养物质增多，鹿的采食量大。此阶段饲养的好坏，则会直接影响到鹿茸的生长。公鹿生茸期需要大量的蛋白质、无机盐和维生素。为满足公鹿生茸的营养需要，不仅要供给大量精饲料和青饲料，而且还要设法提高日粮的品质和适口性，应当增加精饲料中豆饼和豆科籽实的比例。但含油量高的籽实（如大豆），喂量不宜过多，并应当熟喂。这是因为反刍动物对脂肪的消化吸收能力差，大量的脂肪在胃肠道内与饲料中的钙起皂化作用，形成不能被机体吸收的脂肪酸钙，从大便中排出，常造成浪费。有时

还会造成新陈代谢紊乱，严重的造成钙缺乏，易引起鹿茸生长停滞，甚至萎缩。为提高大豆籽实的营养价值和消化率，可将大豆磨成豆浆，调拌精料饲喂。另外，在生茸期应供给足够的青割牧草、青绿枝叶和优质的青贮饲料。在日粮组成上要采取多样、全价。精料要由多种饲料混合组成，其中豆饼应占 40% ~55% ，禾本科籽实占 30% ~40% ，糠麸类占 10% ~20% 。其精料喂量为：梅花种公鹿每天每只 1.8 ~2.0 千克，生产公鹿为 1.6 ~2.0 千克，二锯到四锯梅花公鹿为 1.6 ~1.8 千克。在生茸期，舍饲公鹿每昼夜应饲喂 3 次，并要尽量延长每次间隔时间。每次要先喂精料，后喂粗料。增加精料时需十分谨慎，并要缓慢进行，以保持其旺盛的食欲，防止因加料过急而发生顶料。在增加精料的同时，应当供给足够的优质青粗饲料。3 ~6 月，每日喂 2 次青贮饲料，1 次干粗料；6 ~8 月，每日喂 2 次青饲料和 1 次干粗饲料。放牧的公鹿每天上、下午各出牧 1 次，每次归牧回来时应补给适量的精饲料。此外，在生茸期供水一定要充足。水槽内任何时间都要有足够而清洁的饮水。同时还要补饲食盐，一般梅花鹿每日每只给 25 克。盐除了直接放入精饲料中外，还需设有盐槽，7 天左右往盐槽内投放一定量的食盐矿物质供鹿舔食。

（三）成年公梅花鹿生茸期饲养管理

在进入生茸期之前，应清除圈舍内的墙壁、门、柱脚等处的铁钉、铁线、木桩等异物，防止划伤鹿茸。不同年龄公鹿的消化生理特点、营养需要、代谢水平、脱盘早晚和鹿茸生长发育速度都不同，因此应将公鹿按年龄体况分群，以便日常管理和掌握日粮水平。自公鹿脱盘起，饲养人员应当随时观察记录每只鹿（分左、右枝）的脱盘生茸等情况，遇有角盘压茸迟迟不掉的，要及时去掉。遇有好咬茸扒架的恶癖鹿要及时制止并看管住，或将恶癖鹿单独管理。进入生茸期以后要加强管理，否则也会对鹿茸的生长、产量及品质产生不良影响。进入生茸期，值班人员、饲养人员要及时记录公鹿角盘脱落的时间及鹿茸生长发育情况，同时掌握鹿茸的生长速度，做到适时取茸，因为如果取茸过早影响产量，取茸过晚则鹿茸骨化，影响茸的品质。对个别新茸已经长出但角盘却没有脱落的，应人工将角盘去掉，以免防碍鹿茸生长。为防止公鹿因惊吓炸群而损伤鹿茸，在整个生茸期要保持环境的安静，谢绝外人进场参观。本圈饲养人员进圈时，也要先给信号，不要做突然的动作，并且要形成一个有规律的饲喂、清扫时间，给公鹿生茸创造一个良好的食息环境。有条件的鹿场尽可能小群饲养，每群以20头左右为宜。由于鹿的生茸期经过炎热的夏季，所以，鹿的运动场地要设置遮阳棚，改善舍内湿度及通风条件，积水及剩余饲料残渣要及时清除。加强卫生管理，对圈舍、运动场及饲喂用具要经常打扫，定期消毒，避免公鹿因感染疾病而影响茸的产量和质量。夏季要在运动场内设置荫棚，遇有高温炎热天气，适时进行人工降雨，随时改善舍内的湿度和通风条件。当三杈茸快要长成，而群体大饲槽显得窄缺时，用铁叉上青贮饲料时注意别扎伤抢食鹿的鹿茸。

在整个生茸期饲养人员要随时注意观察鹿群，观察鹿的精神状态，采食及反刍情况；观察鹿的走路姿态、排泄及呼吸是否正常，做到有异常情况及时发现及时处理，避免因延误病情而造成生产上的损失。

二、成年公梅花鹿配种期特点、营养需要及饲养管理

（一）成年公梅花鹿配种期特点

鹿的发情期在9月下旬至11月中旬，丰富的营养条件和特

定的自然光照规律，促使鹿的生殖机能由静止逐渐恢复发展到成熟阶段。生理特点的变化决定了鹿特殊的行为表现，因此，在生产上也应采取相应的饲养管理措施，以达到提高梅花鹿的繁殖率，减少伤亡，促进养鹿生产的目的。

公鹿的行为与管理

求爱行为，公鹿的发情期比母鹿早半个月以上，在发情季节，食欲下降，睾丸明显增大，泪窝扩张，副性腺、泪腺等分泌增多，通过这些外激素的气味刺激，诱发母鹿发情。同时脖颈增粗，常昂头吼叫，传播求偶信息，招引母鹿。处于优势地位的公鹿都圈占一定数量的母鹿，在它的势力范围内不允许其他公鹿介入，也不允许母鹿离群。当有个别母鹿溜边离群时，公鹿紧追其后，头颈前伸，发出“哼哼”的声音，驱赶母鹿回群。

公鹿在母鹿群内，舔母鹿唇及眼等处，常跟在母鹿身后，头颈前伸，用鼻嗅闻，用舌舔母鹿外阴，且两前肢离地，试图爬跨，通过母鹿的反应来判定母鹿是否处于发情期。若母鹿没有达到发情旺期，拒绝公鹿爬跨，公鹿就再去寻找其他发情母鹿。公鹿在求偶过程中，性欲旺盛，阴茎在包皮内外来回抽动，并伴随尿液和副性腺分泌物的排出，有时将尿液抽射到腹部，有的鹿还用前蹄刨地，或喜欢在泥水中滚浴。公鹿为了求爱和圈鹿，常消耗大量的体力，造成体质过度消瘦，精液品质下降。因此种公鹿不宜过早同母鹿混群，最好在母鹿集中发情旺期前一周左右合群。也可选择体质健壮，性欲旺盛，性情温顺的公鹿试情。当试情公鹿揭发出发情母鹿后，再换入种公鹿交配；也可将发情母鹿从群内拨出与种公鹿单独交配或进行人工授精。这样可减少种公鹿的体力消耗，使其能保持旺盛的精力，确保配种质量。试情公鹿也应单圈饲养，加强营养以保证有旺盛的性欲和体力。

交配行为，母鹿于发情期旺期接受公鹿爬跨，此时公鹿两前肢抬起，搭在母鹿背上，头前伸，靠在母鹿颈部，前胸压在母鹿背腰部，躬身，后躯直立、前挺。阴茎始终伸出包皮，探寻母鹿阴门。经验少的公鹿要反复爬跨、探寻数次才能将阴茎插入阴门。当公鹿阴茎插入阴道时，两前肢向下用力抱住母鹿肋部，后躯猛地前挺而射精。有时随着射精将母鹿撞出，公鹿前肢落地，交配结束。交配过程只在一瞬间内完成。通过以上行为可以判定公母鹿是否达成交配。

公鹿在交配结束后，显得有些疲惫，需休息几十分钟，再继续追逐其他母鹿。由于公鹿在发情期消耗较多的体力，因此为使公鹿及早恢复体质，安全越冬且不影响第二年产茸，不仅要在配种期加强种公鹿的营养，供给蛋白质含量高的优质精、粗饲料，还应做到适时结束配种。否则，配种期过长，公鹿体力消耗大，体质瘦弱，难以御寒越冬。而且母鹿产仔不集中，夏秋雨季产的幼仔体质差，难以适应湿度大、昼夜温差大的气候条件，存活率低，浪费人力物力，配种期应在 11 月上旬结束。

攻击行为，发情时，常昂头吼叫，不在同圈的鹿也以鸣叫的音量大小相互抗衡，来显示其地位与雄壮。邻圈鹿也常在围栏边游走、磨角，作进攻顶撞姿态，相互示威。

同圈公鹿以昂头瞪眼，斜躯漫步踏足，或突然低头伸颈向对方冲跑进行威胁。若对方怯阵，快步跑开，可避免一场争斗；若对方不甘示弱，则双方摆开阵式，前肢稍叉开，伸颈低头，全身的力量集中在头和四肢上，以角盘或骨化角为武器你推我顶。几个回合后，一方败阵逃脱或被顶倒，胜者仍寻找机会攻击败者，直至对方彻底服输为止。有时造成两败俱伤。越是阴雨天，相互间争斗越激烈。因此，在配种季节前，要做好公鹿的分群工作。

选择年轻体壮，性欲旺盛，体质体型好，精液品质好且产茸质好量高的公鹿为种公鹿，单圈饲养。要求营养全价，供给优质青绿饲料，随意采食，并供给胡萝卜、大葱等催情饲料，促进发情。生产群的公鹿（非配种公鹿）以 20 ~ 30 头一群为宜。为减少公鹿在配种期相互争斗，应控制生产群公鹿的发情，降低营养水平，以青粗饲料为主，少喂或停喂精料，降低公鹿膘情，也可使用有关药物等控制公鹿发情。在配种期内，要加强对生产群公鹿群的管理，特别是阴雨天要设专人值班，发现公鹿间有争斗现象时立即将它们驱散、分开，并将群内个别爱争斗、攻击性强的公鹿拨出。在配种期前将全部公鹿再生茸扫茬，避免因互相争斗引起伤亡。生产公鹿群应远离母鹿群或在其上风头，以减少母鹿对公鹿的刺激。

优势序位，配种季节公鹿群内的等级地位相互明显，各圈中只有“王鹿”有权力昂头吼叫，其他序位低的鹿则不敢。这是公鹿间通过示威、追逐、攻击而确立的。序位高的鹿具有在采食及交配上的优先权，是群内的优胜者。而序位低的鹿往往惧怕比自己序位高的鹿，看到它们来临且对自己有威胁时，就主动回避，躲到圈舍边缘。有些序位低的公鹿会受到其他鹿的追逐、爬跨，甚至造成穿肛现象，从而引起更多的鹿的好奇、追逐、爬跨，造成伤亡，应及时将这样的受害鹿拨出。群公群母合圈情况下，处于优势序位的公鹿占有较多的母鹿，不断驱赶近前的其他公鹿，撵回要离群的母鹿。序位低的公鹿被赶到远离母鹿群的墙角边缘，甚至有的公鹿会受到母鹿的攻击、扒打而被赶跑。虽然序位高的公鹿有更多的机会与母鹿交配，但由于经常驱赶其他公鹿，撵回离群母鹿，精力有限，往往在它照顾不到的情况下，被序位低的公鹿与发情母鹿“偷配”成功。因此，为避免公鹿在母鹿群中为争偶发生的争斗，避免杂交乱配，充分发挥优秀公鹿的作用，提高繁殖率和鹿群质量，应改变落后的群公群母的配种方式，采用单公群母、单公单母或人工授精的技术措施，加强繁育工作，做到专人负责，仔细观察，认真详细地记录。公鹿群内的优势序列不是一成不变的，当有新的公鹿进入群内或重组鹿群时，都会引起鹿群的骚乱。配种期内重组鹿群，公鹿间会因排序而发生激烈争斗。当有新的鹿进入已确立了优势序列的鹿群时，先由原来序位低的鹿与之较量，若新来的鹿失败，就被排到序列之后，若新来的鹿胜利，则由原来序位较高的鹿再与之抗衡，甚至由“王鹿”出面与之拼搏而达到重新确定鹿群优势序列。为排序列和争偶发生的争斗，是配种期鹿伤亡的主要原因，往往影响公鹿的安全越冬。所以在配种期应尽量保持鹿群的稳定，不随意拨入公鹿或经常变动鹿群。

（二）成年公梅花鹿配种期营养需要

公鹿的配种期为9 月下旬至11 月中旬。公鹿在此时段，其性欲冲动强烈，食欲急剧下降，争偶顶撞严重，所以公鹿在此时段，其能量消耗大，据测定，在良好的饲养管理条件下，成年公鹿在配种期体重平均下降18.12%，参加配种的种公鹿每天配4只母鹿，半月内其体重可下降20% 左右。此时不是所有的公鹿都参加配种，因此，对种用公鹿和非种用公鹿应在饲养管理上区别对待。对种公鹿，要求保持中上等膘情，公鹿要健壮、活泼、精力充沛和性欲旺盛。所以，此期要加强饲养，在日粮配合时，应当选择适口性强，含糖、维生素、微量元素较多的青贮玉米、瓜类、胡萝卜、大葱和甜菜等青绿多汁饲料和优质的干粗饲料。精料要由豆饼、玉米、大麦、高粱、麦麸等配合而成，要求能量充足，蛋白质丰富，营养全价。精饲料日喂量：种用梅花鹿为1.0～1.4 千克，种用马鹿1.7～1.9 千克。对非种用公鹿，要设法控制膘情，降低性欲，减少争斗，避免伤亡，并为安全越冬做好准备。所以，在配种期到来之前，可根据鹿的膘情和粗饲料质量等情况，适当减少精饲料喂量，必要时可停喂一段时间精饲料，但要保证供给大量的优质干粗饲料和青饲料。无论是减少精料喂量，还是停喂精料，都必须保证有一个健康的体况和一定的膘情，以确保安全越冬，不影响来年的生产。

（三）成年公梅花鹿配种期饲养管理

在发情配种期内，成年生产公鹿性欲旺盛，经常互相追逐与角斗，食欲显著减少，体重则很快减轻，体质下降；种公鹿每天频繁的性冲动、赶圈、爬跨、吼叫等，消耗体力更大。所以，对发情配种的公鹿应当时刻注意观察，精心管理。这是因为损失一只公鹿比一副茸的价值大得多。配种期的管理技术，应把公鹿分成种用、非种用、头锯二锯和幼龄几类分别进行管理。加强对种公鹿的管理，采用单圈单养，以减少伤亡，保证配种。对于非种用公鹿，应及时拔出个别体质膘情较差的，也要单独组群加强管理。每日要随时注意检修圈门、围栏，严防串圈跑鹿，并要检修舍内各种设施，平整地面，使之无积水。运动场要经常进行打扫消毒，消除异物，防止发生坏死杆菌病。不要轻易拨动鹿群，及时拨出配种群和生产群中体弱患病的公鹿组成小群或隔离群，并给予特殊护理和治疗。在配种期，公鹿群都要有专人看管，除注意观察发情配种情况和做好配种记录之外，还要及时制止公鹿间顶架或鸡奸行为。为防止公鹿顶架后立即饮水，应及时盖上饮水锅或饮水槽，以防止发生异物性肺炎。配种期凡是大公鹿群的饲养人员，要同时两人以上进圈饲喂，遇到顶人的鹿或种公鹿，不得鞭抽棒打，以防止发生人鹿伤亡事故的发生。

三、成年公梅花鹿越冬期特点、营养需要及饲养管理

（一）成年公梅花鹿越冬期特点

此期公鹿的生理特点是公鹿性活动停止，公鹿的活动量较少，食欲和消化机能相对提高，热能消耗较多，并为生茸储备营

养物质。

（二）成年公梅花鹿越冬期营养需要

公鹿的越冬期包括配种恢复期和生茸前期两个阶段。此期一般是从11月中旬至翌年3月末之间，此期正值冬季和初春。

1. 配种恢复期的营养需要

经过2个月的配种，其体重出现明显下降，体质瘦弱，胃容积明显缩小，缩腹。非配种公鹿体重也会有所下降，体重比秋季下降15%～20%，此期公鹿的生理特点是：性活动逐渐低落，食欲和消化机能相应提高，热能消耗较多。根据这一特点，在日粮配合时，要求逐渐加大日粮容积，提高热能饲料的比例。因此，日粮要以粗饲料为主，精饲料为辅，同时必须供给一定数量的蛋白质饲料或非蛋白氮饲料，以满足瘤胃中微生物生长繁殖的需要。在精饲料中，蛋白质饲料占20%左右为宜，精饲料日喂量梅花公鹿为0.8～1.2千克，马鹿为1.2～1.8千克。

2. 生茸前期的营养需要

鹿到12月后性欲渐减，食欲渐增，由于处于寒冬，体能消耗也较大，鹿场应逐渐提高精料的补加。补加量一般成年梅花公鹿1.1～1.4千克/天，白天喂2次精料、3次粗饲料。夜间补喂一次精、粗饲料，并供给足够的温水，加喂适量的酒糟，越冬期尽量利用干粗饲料，如干黄树叶、大豆荚皮、玉米秸等。对这些粗饲料可采取碱化或粉碎等方法，提高其适口性，便于消化。同时供给充足的粗饲料。其日粮应以干粗饲料和青贮玉米为主，精饲料为辅。精饲料配比中应当逐渐增加蛋白质饲料的比例，豆饼类饲料应占20%～25%，精饲料喂量也要比恢复期有所增加，每只每天喂量公梅花鹿为1.2～1.5千克。公鹿白天喂精料2次，喂粗料2～3次，夜间加喂1次粗饲料。此外，在越冬期一般以干粗饲料和青贮饲料为主，在喂青贮饲料时要注意防止长期饲喂后易引起瘤胃酸度过大而破坏瘤胃微生物的正常繁殖。所以，要在精饲料中定期定量地添加一些碳酸氢钠，以中和瘤胃中过量的酸，以维持瘤胃内正常的氢离子浓度。由于冬季缺少青绿粗饲料，可用树叶、秸秆、青贮料等饲喂，同时保证饮水，最好是温水。在生茸前期还应适当增加精料喂量，为鹿的脱盘生茸做好准备。

（三）成年公梅花鹿越冬期饲养管理

公鹿越冬期也是公鹿配种恢复期和生茸前期。此期公鹿的生理特点是食欲和消化机能相对提高，热能消耗较多，并为生茸储备营养物质。从 11 月下旬至翌年 2 月末，昼短夜长，气候寒冷，公鹿的活动量较少，反刍休息时间较长。针对这些特点，在配合日粮时，以干粗饲料为主，精料为辅，逐渐加大日粮喂量，提高热能饲料比例，以锻炼其消化器官，提高其采食量和胃容积。同时，供给一定数量的蛋白质饲料，以满足瘤胃中微生物生长繁殖的营养需要。此外，在 12 月应逐渐增加禾本科籽实饲料的喂量，翌年 1 月末开始逐渐增加豆饼或豆科籽实饲料的喂量。

生茸前期的 2 ~ 3 月，根据鹿的体况继续调整鹿群，将体弱和患病的鹿拨出组群，淘汰老弱低产鹿，对产茸好但老弱的鹿应单独组群，防止因老弱鹿吃不到饲料而死亡现象的发生，并配备专人精心饲养管理。此期间内，由于尚未妊娠的母鹿发情和配种期留下的发情气味在天气转暖时逸放出来，常会引起一些年青生产公鹿和种公鹿的性欲，发生遛圈、角斗、爬跨和鸡奸，易引起直肠穿孔、内伤和淋巴外渗等伤病，应当注意预防和看管，以确保人鹿安全。

做好防潮保温，保持卫生清洁工作。冬季雪大潮湿寒冷，鹿场应及时清扫圈舍，保持圈舍清洁干燥，以防鹿滑倒摔伤，造成不必要的伤亡；有条件的应在圈舍铺干燥垫草，营造温暖舒适的环境。鹿配种结束后，对老龄或病弱公鹿应单独组群加强照料。保持圈舍清洁卫生，及时清除圈舍内的积雪和尿冰。

为了减少体能消耗，增强抗寒能力，不得风湿等病症，保证安全越冬，其一，应当采取每天早上驱赶鹿群运动和实行夜饲。棚内要有足够的干粪，起垫草作用，或铺以豆秸、稻草等垫草。要及时清除圈舍内和走廊内的积雪，做到舍内、走廊无冰雪，防止滑倒摔伤。其二，要适时烧饮水锅，保证饮温水。其三，舍内要防风、保温，保持干燥，确保采光良好。对老弱病残公鹿若能采用塑料大棚管理，效果尤佳。

第七章　成年母梅花鹿的饲养管理

根据母鹿的生产周期和饲养特点，分为配种期、妊娠期、产仔哺乳期3个阶段。9月中旬至11月为配种期，11月至4月下旬为妊娠期，5月上旬至8月中旬为产仔泌乳期。成年母鹿的日粮应按不同生产时期配给相应的日粮，特别是妊娠后期和产仔哺乳期更应注意日粮的给量和质量，因为此期母鹿不但要保证自身的营养需要，还得满足胎儿的发育和哺乳仔鹿的营养。

一、成年母梅花鹿配种期特点、营养需要及饲养管理

配种期母鹿的饲养管理水平，对加快配种进度和提高母鹿受胎率有着重要的影响。如配种期母鹿体质消瘦、营养不良，则发情晚或不发情，且会延长配种期，甚至造成母鹿不孕。体况丰满，营养良好的母鹿，卵子生长发育快，情欲旺盛，发情明显，能提前而集中发情，因而配种进度快，受胎率与双胎率也较高。配种期母鹿配合日粮应以容积较大的粗饲料和多汁饲料为主，精饲料为辅。日粮中要给予一定量的富含胡萝卜素、维生素E的根茎和块根类饲料，每天每只1千克左右。精饲料中应以豆饼、玉米、高粱、大豆、麦麸等为主合理配合，并且要补充各种维生素和微量元素。其中，蛋白质饲料应占30%～35%，禾本科籽实占50%～60%，糠麸类占10%～20%。圈养母鹿每天喂3次精料和3次粗饲料。

在配种前先调整母鹿膘情达到中等水平，这样才能保证正常的发情排卵，营养好的母鹿发情早，受胎率和双胎率高；要及时

淘汰不育后裔、有恶癖、年龄过老有严重疾病的母鹿，然后按其品种血缘关系、繁殖性能、年龄及其体质健康状况进行组群，可分为核心群、一般繁殖群、初配母鹿群。每个配种鹿群母鹿群不宜过大，一般以25～30只为宜。给核心母鹿群，用最好的种公鹿配种或先进行人工授精后再用最好的种公鹿进行扫尾配种。育成母鹿群都可以参加配种，体重达到成年母鹿的75%以上的育成母鹿群都有可能发情受配。一早一晚勤观察母鹿群是否有发情母鹿，发现发情母鹿再观察种公鹿能否配上，如能够配上则要认真填写配种记录并继续观察，如配种能力差或配不上时，应立即将发情母鹿放入可配种的公鹿舍内，并应马上调换原舍的公鹿鹿群。圈棚里适当垫一些干玉米秸或干树叶，圈舍的围墙边和料槽边可以适当留一些干粪，作到保暖和防止磨损蹄部的作用。母鹿圈里出现受欺、膘情差、患病鹿应马上拨出进行小圈饲养，以便加强护理和治疗。

二、成年母梅花鹿妊娠期特点、营养需要及饲养管理

（一）妊娠期的营养需要

母鹿妊娠期一般为7个半月（225～234天），主要是指当年12月至翌年的4月。母鹿妊娠前期和中期胎儿生长发育较为缓慢，而到后期胎儿生长发育非常快，母体子宫及乳腺也随之增大。胎儿80%以上的体重是在妊娠期最后3个月内增长的，除了胎儿增重外，母鹿本身体重也在增加。母鹿到妊娠后期其体重比配种期增加的幅度为：初次妊娠的母鹿15～20千克，非初次妊娠的母鹿10～15千克。因此，在饲养上对初次妊娠的母鹿要比非初次妊娠的母鹿多提供一些营养物质，以满足其胎儿生长和

母鹿自身生长的需要。

妊娠初期胎儿生长较快，随着胎儿的生长，母鹿的体重也不断增加要保证妊娠母鹿的营养需要，首先应满足蛋白质维生素和矿物质的需求，妊娠初期应多给些青饲料、块根类饲料等质量良好的粗饲料；妊娠后期要求粗饲料适口性强、质量好、体积小，日粮中要适当提高钙的含量，饲喂次数每日 3 次，其中夜间 1 次。饲料应严防酸败和结冰，饮水以温水为宜同时，妊娠期严防惊扰鹿群，过急驱赶鹿群。注意舍内地面没有积雪和结冰。

到妊娠后期，在饲养中要根据胎儿生长发育的不同阶段的特点来配合日粮。特别到妊娠后期母鹿胃容量逐渐变小，消化机能减弱，母鹿的日粮应选择体积小、质量好、适口性强的饲料。精料中豆饼等蛋白质饲料应占 30% ~35%，玉米、高粱、谷子等占 50% ~70%。妊娠母鹿的粗饲料日给量为粉碎玉米秸秆 2. 5 ~ 3. 0 千克。有条件可饲喂青贮料，要切忌酸度过高，以防流产。妊娠母鹿白天饲喂 2 次或 3 次精粗饲料，如白天喂 2 次，在夜间应补饲 1 次粗料。在妊娠中期应对所有母鹿都进行一次检查，调整鹿群，将体弱及营养不良母鹿拨入到相应的鹿群内进行饲养管理。为了增强母鹿的体质健康，每天要定时运动 1 小时，鹿舍采光良好，畜床上要经常垫 10 厘米的干草；畜舍及运动场经常打扫，定期进行药物消毒，加强妊娠母鹿的调教驯化；注意稳群，以防流产事故发生。

妊娠期的饲养应始终保持较高的日粮水平，特别是要保证蛋白质和无机盐的供给。在制订日粮时，需考虑到饲料的容积，在妊娠初期可大一些，后期可小一些。总的来看，日粮应选择体积小、质量好、适口性强的饲料。在喂给多汁饲料和粗饲料时必须慎重，防止由于饲料容积过大而造成流产。在临产前半个月时应适当限制饲养，以防止母鹿过肥造成难产。

母鹿妊娠期精饲料中豆饼和豆粕蛋白质饲料应占 30% ~

40%，谷物饲料应占60%～70%。精料每只日饲喂量：妊娠前、中期为1.0千克，后期为1.1～1.2千克。

（二）妊娠初期的饲养管理

入冬以前做好防潮、防风、保暖等工作，保温不好的圈舍围栏应在迎风方向的墙外堆立柴草、秸秆，用以遮避风雪，还有关闭鹿舍后窗或堵住花墙并在圈棚里垫10厘米以上的干草或干树叶等起到保暖的作用。圈棚里的干草或干树叶如果尿湿了应及时清除后重新垫上。下雪以后及时清除运动场上的积雪，这样可以防滑也可以提高舍温。圈舍地面如有冰面时，可以撒铺一层炉灰渣、草木灰、咸盐粒等来防滑。

加强运动。每天早晚各一次，每次1个小时左右，但应避开添料、休息时间。这对提高鹿的食欲、促进消化机能有良好的作用。最好是夜间补饲1次，既可以补充营养，还可以增加运动的效果。要保持鹿舍安静，饲养密度不易过大，应尽量避免惊群，防止拥挤，以避免流产、死胎。

妊娠母鹿应注意饲喂青贮饲料和酒糟的饲喂量。饲喂妊娠母鹿的青贮饲料切忌酸度过高，易引起流产。如果青贮的酸度大时可以在饮用水中添加小苏打来中和青贮的酸度。妊娠母鹿饲喂酒糟量也不宜过大，实践证明饲喂过量酒糟会严重的影响胎儿生长发育，同时也易引起母鹿流产。

（三）妊娠中期的饲养管理

妊娠中期应对所有母鹿都进行一次检查，调整鹿群，将体弱及营养不良的母鹿拨入相应的鹿群或单圈饲养。

3月份开始天气转暖，容易上膘而造成产仔期母鹿难产。因此，为了控制膘情，把精饲料减到每天每只母鹿0.5千克，同时少饲喂油脂类多的饲料。由于此期胎儿生长迅速而瘤胃的空间变小，因此添粗饲料时需要做到少添、勤添。

全面开始清理圈舍的积粪和饲料残渣，主要是为了提高圈舍温度和春季消毒。由于此期的早晚天气较冷，棚舍里的粪便和饲料残渣清除后还应再垫上干草或干树叶等，起到保暖作用。

饲养密度不要过大，应尽量防止惊群和拥挤，以避免母鹿流产和胎儿死亡。加强运动。每天早晚各 1 次，每次 1 小时左右，但应避开添料、休息时间。这对提高鹿的食欲、促进消化机能有良好的作用。

（四）妊娠后期的饲养管理

此期的圈舍粪便及饲料残渣应清扫完毕，该进行圈舍的全面消毒。消毒药液最好是用 2% ~3% 的碳酸氢钠溶液（火碱、苛性钠）与熟石灰溶液混合物。重点消毒圈舍里的棚舍、墙角及料槽的周围。4 月下旬之前把消毒工作完成。消毒结束后还要在圈棚里垫一层干草或干树叶，给妊娠母鹿创造一个保暖的环境，达到保胎的目的。

做好仔鹿保护栏，栏内铺垫干草或干树叶并设饲槽和水槽。加强运动。每天早晚各 1 次，每次 1 小时左右，但应避开添料、休息时间。饲养密度不要过大，应尽量避免惊群，防止拥挤，以避免流产、死胎。精饲料按照精饲料配方的要求去饲喂，粗饲料要按照粗饲料的参考标准来饲喂。膘情差的母鹿拨出来小圈饲养，精料量可以适当地增加，还可以在育成鹿圈里饲养。

三、成年母梅花鹿哺乳期特点、营养需要及饲养管理

（一）哺乳期特点及营养需要

母鹿从 5 月上旬开始产仔，至 8 月下旬断奶，哺乳期为 90

天左右。母鹿分娩后即开始泌乳，一般一只梅花鹿母鹿每昼夜泌乳量700毫升左右，泌乳量高的可达1 000毫升以上。鹿的乳汁浓度大，营养丰富，干物质含量高达24.5%～25.0%，初乳的浓度更高。鹿的泌乳量和乳的质量与其所食入的饲料质量有关，特别是乳中的无机盐和多种维生素含量与饲料中这些物质的含量有着密切关系。因此，哺乳期母鹿的饲养水平一方面直接影响其泌乳量及乳的质量，另一方面将影响仔鹿的生长发育。在哺乳期内，仔鹿生长发育所需的营养物质主要来源于母鹿的乳汁，特别是1个月龄以内的仔鹿很少采食其他饲料。仔鹿生后1个月增重达6千克，平均每日增重约0.2千克，哺乳母鹿每天需要从饲料中吸收大量的蛋白质、脂肪、矿物质与多种维生素及水分，在体内转化为乳汁。母鹿分娩后，胃容积增大，胃肠消化能力增强，因此，此期母鹿需要大量的营养物质来满足其自身的维持需要和泌乳需要。随着仔鹿生后日龄的增长，逐渐地随母鹿一起开始采食精料和粗料。所以，母鹿产仔哺乳期一定要保证饲料多样、全价、优质、数量充足。千万不能喂给变质、发霉、低劣的饲料，以免引起仔鹿发病和影响仔鹿的生长发育。

母鹿哺乳期日粮配合要求：产仔泌乳期，精饲料中蛋白质饲料应占30%～32%，谷物饲料占50%～55%，麦麸占8%～10%；其每只日喂量：梅花鹿为1.0千克。哺乳中期，蛋白质饲料应占35%左右，谷物饲料占50%～55%，麦麸占10%～15%；每只日喂量：梅花鹿为1.1千克。哺乳后期，蛋白质饲料应占38%～40%，谷物饲料占50%左右，麦麸占10%左右；每只日喂量：梅花鹿为1.2千克。精饲料每天分3次喂给。粗饲料以优质的青绿多汁饲料为主，干粗饲料为辅。粗饲料每天喂3次，其中2次青饲料，1次干粗饲料。因此，母鹿泌乳期比妊娠期食量要多，需水量也大，供给饲料的数量和质量应相应增加，泌乳母鹿的精料蛋白质饲料要占65% ~75%，每天饲喂2~3次粗料，3次精料，夜间补饲1次粗料。

（二）哺乳期饲养管理

饲养密度不应过大，以防拥挤造成流产。还要加强母鹿的调教驯化，注意稳群，注意保持安静的环境，以减少流产事故的发生。母鹿分娩后瘤胃容积变大，胃肠消化机能增强。因此，泌乳期比妊娠期采食量多，需水量大，供给饲料的数量和质量均需相应提高。

要注意观察母鹿分娩，发现难产及时助产，发现仔鹿弱生，母鹿恶癖、咬仔、扒仔、弃仔、咬尾和舔肛等时要及时处理。观察初生仔鹿是否吃上初乳，饲养员和管理人员要看到仔鹿吃到初乳后方能离开。初生仔鹿在健康情况下，吃上初乳几小时后可以打耳号和注射相关疫苗。母鹿产仔后给仔鹿打耳号时，最好把母仔都拨到单圈饲养一周左右时间，等到仔鹿硬实之后，再把母仔拨到哺乳圈舍，这样做既可以掌握好哺乳期和妊娠期不同的精饲料量，又有利于分别观察与饲养管理。护仔栏里的垫草定期更换，护仔栏之外的圈舍其他地方，只要仔鹿喜卧的地方也一定要铺垫干草或干树叶，弄湿了要及时清除再进行铺垫。一定要保证哺乳仔鹿能够饮到清洁的水。经常进圈观察仔鹿护仔栏里的仔鹿状况（白天每隔2~3小时进圈观察一次），每天都要适当赶出并观察有否患病幼鹿，若有应该及时治疗和护理。

圈舍要始终保持清洁。夏季母鹿舍应特别注意保持清洁卫生，避免有害微生物污染母鹿乳房及乳汁，引起仔鹿疾患。饲养人员要定时清扫鹿舍及药物喷雾消毒。同时要及时对母仔鹿进行调教与驯化，对胆怯、惊慌易炸群的母鹿和仔鹿不宜强行驱赶，可以用温顺的母鹿来引导。尤其是饲槽和饲喂粗饲料的地方。护仔栏之外的圈舍其他地方，只要仔鹿喜卧的地方也一定要铺垫干草或干树叶，弄湿了要及时清除再进行铺垫。一定要保证哺乳仔鹿能够饮到清洁的水。经常进圈观察仔鹿保护栏及栏里的仔鹿状况，每天都要适当赶出并观察有否患病幼鹿，若有应及时治疗和护理。

第八章　梅花鹿常见病诊治

一、一般疾病诊治

（一）巴氏杆菌病

巴氏杆菌病又名出血性败血症，是由多杀性巴氏杆菌引起的一种多种动物共患的败血性传染病。鹿患本病多呈急性经过，特征是败血症变化。本病发病率高，死亡率高，早期不易发现。我国将其列为二类疫病。

病原学特点：巴氏杆菌病病原体为多杀性巴氏杆菌，是巴氏杆菌属中的一种，为两端钝圆、中央微凸的革兰氏阴性短杆状菌，两端钝圆，常单个存在，无鞭毛，不运动，不能形成芽孢，新分离的强毒菌株有荚膜。用瑞氏染色或美蓝染色时，可见明显的两极浓染。

巴氏杆菌为需氧及兼性厌氧菌，对营养要求较严格，在普通培养基上生长贫瘠，在加有血清、血液或者血红素的培养基上生长良好。在血清琼脂平板上培养 24 小时，可见灰白色、闪光的露珠状小菌落。在血琼脂平板上，长出水滴样小菌落，无溶血现象。在肉汤培养基中生长时，初期浑浊，之后逐渐变清朗，管底有灰白色絮状沉淀，轻摇时呈絮状上升，表面形成菌环。

巴氏杆菌抵抗力不强，在无菌蒸馏水和生理盐水中很快死亡，在干燥的空气中能存活 2 ~ 3 天，阳光下 10 分钟内死亡，在血液、排泄物中能存活 6 ~ 10 天，一般消毒药数分钟内都能将其杀死。冻干菌种在低温中可保存长达 26 年。

流行病学特点：巴氏杆菌病的传染源是病鹿以及其他患病动物，特别是患病动物排泄物、分泌物和被污染的饲料、饮水、土壤，健康动物的呼吸道内也能带菌。巴氏杆菌可通过呼吸道和消化道传播，也可通过受伤的皮肤、黏膜感染，吸血昆虫叮咬亦可传播本病，当机体抵抗力下降时也可能发生内源性感染。本病无明显季节性，但冷热交替、气候剧变、闷热、潮湿、多雨等情况下较多发。营养不良、寄生虫感染、长途运输、饲养管理不当都可诱发本病。

发病机理：巴氏杆菌通过外源性传染或内源性发作后，很快便通过淋巴系统进入血液而形成菌血症，并可在 24 小时内发展为败血症而死亡。巴氏杆菌存在于病鹿的各组织器官、体液、分泌物和排泄物中。濒死时，血液中仅有少量巴氏杆菌存在，病死后机体防御能力消失，这时巴氏杆菌可在几小时内大量繁殖，各脏器、体液以及渗出液中菌量都会增多，这是感染巴氏杆菌的一个特点。

临床症状：巴氏杆菌病的病变和症状主要表现在呼吸系统和消化系统。根据临床表现大致可分为 4 种类型。

1. 急性败血型

由巴氏杆菌引起的急性败血型感染所致，发病率和死亡率较高。病鹿体温突然升高到 41～42℃，精神沉郁，呼吸困难，脉搏加快，反刍停止，食欲废绝，黏膜发绀。初期粪便干燥，后期腹泻，严重时粪便带血。一般 1～2 天内死亡，剖检无明显特征性病变，只见黏膜和内脏表面广泛性点状出血。

2. 肺炎型（胸型）

肺炎型巴氏杆菌病最常见，病鹿精神沉郁，呼吸促迫，咳嗽，鼻镜干燥，体温上升到 41℃ 以上。严重时呼吸极度困难，粪便稀薄，有时带血。发病经过较急性败血症型慢，一般 5～6

天死亡。

3. 水肿型

患水肿型巴氏杆菌病的病鹿胸前和头颈部水肿，严重者波及腹下。舌、咽部高度肿胀，呼吸困难。皮肤和黏膜发绀，眼红肿，流泪。病鹿常因呼吸困难而死。也可伴随血便，死后可见肠黏膜肿胀局部呈出血性胶样浸润。

4. 慢性型

由急性型转变而来，病鹿长期咳嗽，慢性腹泻，消瘦无力。剖检时皮下胶冻样液体浸润。纤维素性胸膜肺炎，肝有坏死灶。

病理变化：不同的病理变化取决于不同的发病类型，常有混合型病理变化出现。急性发作而死亡的病鹿剖检无明显变化。一般尸体腹部膨大，可见黏膜出血或充血。经常发生咽部、胸部皮下组织水肿，腹部皮下组织有柠檬黄色浆液性液体浸润。在胸腔内、支气管附近有淡红的胶质样水肿，心外膜下常有无数不同大小的出血点。心包内有多量淡红或浅黄色液体。

胸型可见渗出性和纤维素性肺炎，并有胸肺粘连，胸水多量并有纤维素样渗出物，肺水肿，充血，切面呈大理石样。支气管内充满泡沫样淡红色液体。支气管和纵隔淋巴水肿并有炎症。皮下点状出血胶样浸润。

肠型主要于胃肠道发生病变，真胃黏膜肿胀、充血，有不同大小的出血点。肠管主要在其起始部发生急性炎症，出血。胃肠淋巴腺发生急性炎症并肿大。脾脏稍肿大，边缘钝圆，脾髓暗红色稍软化。肾脏充血。

诊断：可根据流行病学、临床症状、病理变化以及气候、饲养等因素的影响作出初诊，确诊需通过实验室诊断。

镜检：取血液、组织液、水肿液做涂片，分别作革兰氏染色和瑞氏染色。革兰氏染色可见革兰氏阴性，两极明显着色的小杆菌；瑞氏染色可见两级染色的卵形杆菌。

细菌培养：将病料接种于血清琼脂平板或血琼脂平板上，培养24小时后可见灰白色、细小、湿润、闪光的露珠状小菌落，无溶血。接种于肉汤培养基中，肉汤均匀混浊，48小时后出现灰白色絮状沉淀。

生化试验：巴氏杆菌可分解葡萄糖、麦芽糖、果糖、甘露醇、甘露糖、蔗糖，产酸不产气。不能分解乳糖、鼠李糖、杨苷、肌醇。巴氏杆菌可产生过氧化氢酶，能生成硫化氢和靛基质，不液化明胶。

动物实验：将病料制成悬液接种于小鼠，1～2天后发病，呈败血症死亡。取组织镜检及培养可见上述特征。

防治措施：严格生产管理，饲养区不得有其他种类动物，用具也不得用于其他动物饲养。净化环境，降低鹿受外伤的几率，清洁用水，地面保持干燥。鹿舍定期消毒。新引进鹿只要进行隔离。勤观察饲养群，发现病鹿及时隔离并消毒所在场所。青霉素、四环素、磺胺类抗菌药都可用于治疗本病，也可选用高免或康复动物的抗血清。对受威胁饲养群进行预防性投药。

（二）布鲁氏菌病

布鲁氏菌病简称布病，是由布鲁氏菌属细菌侵入机体引起的一种人、鹿共患急性（或慢性）、传染性、变态反应性疾病，也称马耳他热、波状热。布病流行范围广、传播途径多、传染性强、感染率和发病率较高。布病是鹿病中最险恶的疾病，对人类危害也很大。布病多数病例为隐性型，且慢性经过。主要侵害鹿只生殖器官，导致繁殖功能障碍，体质逐渐变弱，使产茸量下降。世界卫生组织将其归类为B类传染病，我国列为二类传染病。

病原学：布病的致病因子是布鲁氏菌属的一类革兰氏阴性球杆菌。大多生活在宿主的细胞内，多散在，常常为单个排列，很少形成短链。不能运动，不形成芽孢，无鞭毛、微毛和真性夹膜。布鲁氏菌为需氧兼性厌氧菌。常用肝汤、肝琼脂、马丁琼脂、胰蛋白胨琼脂和马铃薯琼脂等培养基，初次分离时成长缓慢，常要 8～15 天才能充分发育，驯化后传代，48～72 小时可以生长良好。

布鲁氏菌有高度的侵袭力和扩散力，不仅可以从正常皮肤，而且可以经黏膜侵入体内。不产生外毒素，只产生内毒素，毒力较强，对机体可产生泛发性的毒害作用。

布鲁氏菌在感染的胎盘、胎儿组织中，在污染的土壤中，在肉类食品、内脏、骨髓和肌肉组织里的淋巴结中，在粪便、尿液中都可存活。在自然界中喜潮湿、凉爽的环境，在肉、乳制品以及污染的水中，都具有长期的感染性。在冷藏的乳及乳制品中可存活 10～40 天。对干热的抵抗力较强，60℃需 75 分钟才能杀死，在尘埃中可存活 2 个月，在皮毛中可存活 5 个月。在污染的土壤表面可存活 20～40 天。暴晒 20 分钟即可死亡，在直射阳光下 4 小时即可死亡，散射日光下可存活 7～8 天。对湿热的抵抗力与一般细菌相同，60℃ 15～30 分钟、80℃ 7～19 分钟即可死亡，煮沸 0.5 分钟即杀死。

布鲁氏菌对消毒剂抵抗力不强，1%～3% 石炭酸、2%～3% 来苏尔、2% 火碱溶液，在 1 小时内都可杀死本菌。链霉素、土霉素、庆大霉素、卡那霉素和金霉素等，对布鲁氏菌都有抑制作用，对四环素最敏感。对磺胺类药物中度敏感。对青霉素、杆菌肽和林可霉素等有很强的抵抗力。

流行病学特点：患病动物或带菌动物是布鲁氏菌病的主要传染源。不同种类、性别的鹿都易感布鲁氏菌。成年鹿最易感，幼龄鹿易感性差。消化道是主要传染途径，其次是生殖道。鹿场内患鹿是主要传染源，当其他家畜发生本病时，若鹿对之频繁接触，也会引起传染。我国从鹿体内检出 50 株布鲁氏菌，其中羊种布鲁氏菌31株，牛种布鲁氏菌17株，猪种布鲁氏菌2株。鹿感染布鲁氏菌后有一个菌血症阶段，很快定位于其所适应的组织或脏器中，并不定期的随乳汁、精液、浓汁，特别是流产时的胎儿、胎衣、羊水和阴道分泌物排出体外。全身性感染和处于菌血症期的病鹿，其肉、内脏、毛皮中都含有大量的病原体。被布鲁氏菌污染的物品则是扩大本病扩散的重要媒介。

发病机理：布鲁氏菌主要寄生于巨噬细胞内，其发病机制以迟发型变态反应为主。感染的确立与否不仅取决于病原菌的数量和毒力，同时也取决于被感染动物的先天抵抗力、年龄和生殖状态。布鲁氏菌侵入机体后，几日内侵入附近淋巴结，被吞噬细胞吞噬。如吞噬细胞未能将其杀灭，则布鲁氏菌在细胞内生长繁殖，形成局部原发炎症病灶，即淋巴结炎。此阶段称为淋巴源性迁徙阶段，相当于潜伏期。布鲁氏菌在吞噬细胞内大量繁殖致其破裂，当布鲁氏菌增殖到相当数量以后，便会冲破淋巴结屏障，以致大量布鲁氏菌进入血液形成菌血症，此时病鹿体温升高，持续时间不定，在持续感染过程中会出现复发性菌血症。进入血液中的布鲁氏菌经过血液循环后，便在肝、脾、骨髓、淋巴结等网状内皮细胞丰富的器官形成多发性病灶。寄居在网状内皮系统的布鲁氏菌，可反复侵入血液循环，在机体内的某些部位发生转移性病灶。如布鲁氏菌侵入关节、腱鞘、骨髓、淋巴结、乳腺、睾丸等组织器官的细胞内并繁殖，则发生关节炎、腱鞘炎、骨髓炎、淋巴结炎、乳腺炎、睾丸炎等症状。

布鲁氏菌对妊娠的子宫内膜和胎儿胎盘有特殊的亲和性。该菌进入胎盘的绒毛膜上皮细胞内增殖，导致胎盘炎，并在绒毛膜与子宫内膜扩散，导致子宫内膜炎。布鲁氏菌在绒毛膜上皮细胞内增殖，使其发生渐进性坏死，产生的纤维素性脓性分泌物附着于绒毛膜上，可破坏胎儿胎盘和母体胎盘之间的联系，断绝胎儿营养供给，最后导致脱离。布鲁氏菌还可经过血液、羊水进入胎儿体内，引起胎儿发生营养不良和产生病变，以致发生流产和死胎现象。

临床症状：布鲁氏菌病的潜伏期长短不一，主要取决于侵入机体布鲁氏菌的数量与毒力，还取决于机体的生理状况以及侵入途径和部位。鹿发生本病时多慢性经过，早期无明显症状，日久可见食欲减退、逐渐消瘦、生长发育缓慢，被毛蓬松无光泽、精神迟钝，皮下淋巴结肿大。

母鹿多发生流产、胎衣滞留、胎盘糜烂，伴有关节肿大、乳房炎、子宫炎、阴道炎等。流产是本病的特征性症状，但不是必然出现的症状。本病流产有一定的规律，由于母鹿在感染布鲁氏菌病后，可产生一定的免疫力，所以初发时流产率高，次年再次流产相对较少。

公鹿有的发生膝关节炎（据统计，21% 的病鹿关节肿大），有的发生腕关节炎、跗关节炎、黏液囊炎、睾丸炎和附睾炎。2% 的公鹿发生一侧或两侧睾丸肿大，触之生硬、不愿运动，喜卧，站立时后肢张开；有的长畸形茸，常发生在关节炎的对应侧；飞关节肿大并崩溃，且大多增生引起关节畸形。5% 成年鹿头部枕后右半球形的肿胀，切开后流出多量黄白色浓汁。

病理变化：布鲁氏菌病的病变特征是全身弥漫性网状内皮细胞增生和肉芽肿结节形成。特异性结节是病理变化的基本表现形式，可分为增生性结节和渗出性结节。增生性结节多见于慢性病例，常发生于淋巴结、肝、脾、肾、心和肺等器官，以肝、肾、肺中结节最为典型；渗出性结节多由增生性结节转化而来，常为慢性病例的急性发作，主要特点是坏死灶外围原有的肉芽组织消失，普通肉芽组织充血、渗出和新坏死区的形成。

诊断：布鲁氏菌病的流行特点、临床症状、病理变化都没有明显的特征，所以必须结合细菌学、血清学和动物接种的方式进行综合诊断。发现可疑病鹿时应首先观察有无布鲁氏菌病的特征，如母鹿流产、胎盘滞留、胎衣病变、乳腺炎、不孕；公鹿关节炎和睾丸炎等可作出初步诊断。

细菌学诊断：取流产胎儿、胎盘，母鹿的阴道分泌物、乳汁等作为病料，直接镜检；对死亡的鹿可采集肝、脾、骨髓、淋巴结进行培养。隐性感染的鹿，往往局限于个别淋巴结，直接培养不易成功，可直接接种于豚鼠做动物实验。

动物接种：豚鼠接种前应做凝集反应，取胎儿或胎盘组织乳剂、阴道洗液或全乳等作为接种材料，皮下接种豚鼠1~3毫升，接种后5周左右剖检，观察病理变化，取淋巴结或脾脏进行细菌培养和鉴定。

血清学诊断：包括补体结合反应和血清凝集反应。补体结合反应特异性和敏感性都较高，在感染后1~2周出现阳性，操作方法较复杂，不适合大群检测；血清凝集反应操作简单，感染后4~5天即出现阳性，是当前布鲁氏菌检测的常用方法，分为试管凝集反应和平板凝集反应两种，平板法简单易行，广泛用于现场诊断。此外，还可利用PCR、ELISA等方法进行检测。

防治措施：未发生布鲁氏菌病的鹿场尽量自繁自养，如需引种，则必须在隔离情况下严格检疫，确定健康方可入场。严格控制水源和饲料，不得从疫区引进饲料及动物产品。定期检疫和消毒。如果在鹿群中发现患有布鲁氏菌病鹿只，及时将其捕杀处理，严禁作种用。隔离所在鹿群。定期检疫，出现阳性及时淘汰。如有特殊原因需要保留时，可隔离饲养并进行药物治疗。

（三）大肠杆菌病

大肠杆菌病是由致病性大肠杆菌引起的多种动物不同疾病或病型的统称，包括局部性或全身性大肠杆菌感染、大肠杆菌性腹泻、败血症和毒血症等。鹿患此病的特征是出血性肠炎和败血症。仔鹿比成年鹿的发病率和死亡率都要高。

病原学：大肠埃希氏菌通常简称为大肠杆菌，是肠道正常菌群重要成员之一。大肠杆菌是条件性致病菌，可通过消化道传播。根据致病机理，病原性大肠杆菌可分为产肠毒素大肠杆菌、肠侵袭性大肠杆菌、肠致病性大肠杆菌、肠出血性大肠杆菌和肠凝聚性大肠杆菌。

大肠杆菌为革兰氏阴性、中等大小的杆菌，无荚膜，无芽孢，有鞭毛，能运动。大肠杆菌为需氧及兼性厌氧菌，在普通琼脂培养基上能生长，24 小时后能长出圆形微隆起、半透明灰白色小菌落。大肠杆菌因不能发酵乳糖和蔗糖而区别于其他肠道杆菌。

大肠杆菌对热抵抗力较强，60℃时 30 分钟能将其全部杀死，煮沸立即死亡。在潮湿环境能存活近一个月，在寒冷干燥的环境中生存时间更长，在自然界水中可存活数周至数月。大肠杆菌的培养物在室温下可存活数周，在密闭温室下保存于黑暗处至少可存活一年。菌种培养物加 10% 甘油在 -80℃ 可保存几年，冻干后置于 -20℃ 可存活 10 年。对消毒剂的抵抗力不强，如 5% 石炭酸，0.1% 升汞 5 分钟杀死。对链霉素、红霉素、庆大霉素、卡那霉素、磺胺脒等多种抗菌药物敏感。

流行病学：大肠杆菌病是由致病性大肠杆菌引起的一种急性细菌性传染病，一般仔鹿和幼鹿多发。主要传染源是病鹿和带菌母鹿，致病性大肠杆菌存在于肠道以及各组织中，通过粪便等排泄物排出体外，污染饲料、饮水和环境。大肠杆菌病主要通过消化道传染，也通过子宫、脐带、眼结膜和破损的皮肤及黏膜感染。大肠杆菌具有条件致病性，促使发病的因素较多，气温骤变、鹿舍阴冷潮湿、通风不良、饲料质量不良、饲料调配不当等都可诱发本病发生。

发病机理：大肠杆菌病主要由能产生甘露糖抵抗型黏附素的大肠杆菌菌株引起，这些黏附素可黏附于十二指肠、空肠和回肠上黏膜表面，使摄入的大肠杆菌不随肠蠕动进入大肠中。大肠杆菌在十二指肠、空肠和回肠上大量繁殖，黏附于微绒毛，导致刷状缘被破坏、微绒毛断裂、上皮细胞排列紊乱和功能受损，造成严重腹泻。侵袭性大肠杆菌可经小肠上皮细胞进入到血液和淋巴循环，在血液和淋巴中繁殖并形成内毒血症，免疫系统或抗生素不能及时将其清除，于是导致死亡。

临床症状：鹿大肠杆菌病呈急性经过，潜伏期短，一般几小时至十几小时。按临床表现一般分为败血症型、肠毒血症型和肠炎型等类型。

败血症型病鹿初期体温升高，精神萎靡，食欲降低或废绝。随后表现出明显的中枢神经系统紊乱，口吐白沫，四肢僵硬，运动失调，喜卧。之后腹泻，脱水，常于症状出现后数小时至1天内出现急性败血症而死亡，甚至有的病鹿会在腹泻症状未出现前死亡。病程稍长者可并发脐炎、关节炎或肺炎，生长发育受阻。

肠毒血症型通常不表现明显的临床症状而突然死亡。有症状者则表现为典型的中毒症状，初期兴奋不安，随后沉郁甚至昏迷，最后死亡。死亡前剧烈腹泻，排稀粪甚至血便。

肠炎型多见于仔鹿，症状如同仔鹿下痢。病初食欲减退，而后废绝，饮欲增强，体温升高。精神沉郁，结膜充血，离群。粪便初期呈黄色、灰白色或绿色，呈稀粥状，后期带血，有的呈水样粪便，呈污红色并带有恶臭味。病鹿脱水，眼窝下陷，全身衰弱，体温下降，四肢变凉，昏迷而死亡。

病理变化：尸体被毛粗乱，营养不良，个别营养良好，肛门周围常有血便污染。败血症或肠毒血症时，急性死亡无明显病理变化，胸、腹腔以及心包内伴有大量混有纤维素的积液，有恶臭味。腹泻时可见急性胃肠炎的变化，真胃内有大量褐色凝乳块，黏膜充血、水肿，表面覆盖胶冻状黏液，褶皱处出血。肠内容物常混有血液和气泡，小肠黏膜充血、出血、部分黏膜上皮脱落；

肠系膜广泛出血，且淋巴结肿大，呈暗紫色，切面多汁（图8－1）。脾质脆弱、切面脾小梁不明显表面粗糙，肿大，并有纤维素附着。肝脏和肾脏苍白，被膜下可见出血点。心内膜有小出血点。病程长的病畜，关节肿大，内含混浊液和纤维素性脓性絮片。肺有炎症病变。肠炎型病鹿除上述变化外，肠壁变薄，内容物呈水样。

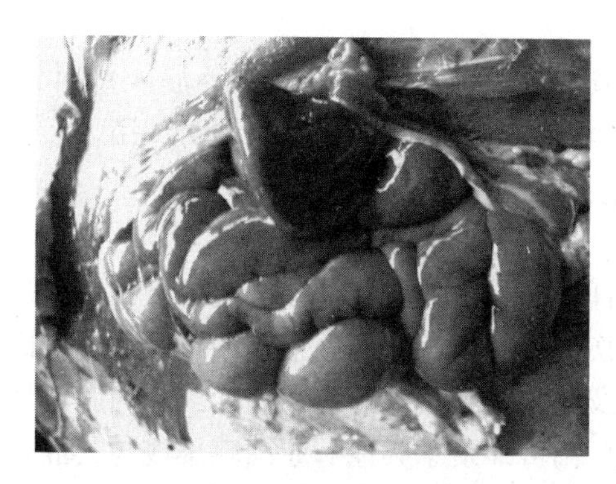

图8－1　鹿大肠杆菌病

诊断：根据腹泻、便血等出血性肠炎症状结合病理变化以及流行病学，可做初步诊断，确诊需实验室诊断。

镜检：无菌采集病死鹿心脏、肺脏、肝脏、脾脏涂片镜检，可见革兰氏阴性杆菌。

分离鉴定培养：无菌采集病死鹿心脏、肺脏、肝脏、脾脏及淋巴结接种于血琼脂平板，37℃有氧和厌氧条件下分别培养24小时，可见浅灰色透明光滑菌落。挑出接种于麦康凯培养基，可见红色圆形菌落。

生化实验：用分离的纯菌培养物接种于乳糖、麦芽糖、甘露醇、葡萄糖，37℃培养48小时后观察，全部产酸产气，不产生硫化氢。M. R. 实验阳性，V－P实验阴性。

动物实验：取纯培养物悬液接种于小鼠腹腔，观察发病情况，发病死亡后取病料进行检查。此外，还有 ELISA、荧光免疫测定、胶体金、免疫磁珠分离、DNA 探针、PCR、基因芯片等方法对大肠杆菌进行检测。

防治措施：排除不良以及可疑饲料，换上新鲜易消化饲料，保证饮水清洁。定期消毒，及时打扫圈舍，防止饲料被污染。发现病鹿及时隔离，病死鹿尸体要无害化处理，对污染的圈舍进行彻底消毒。

常用磺胺脒、链霉素配合小苏打等混入精料饲喂，每天两次。在饮水中加适量氟哌酸，可起到预防作用。

（四）坏死杆菌病

鹿坏死杆菌病是由坏死梭杆菌引起的慢性传染病，一般多由皮肤、黏膜伤口感染引起。鹿患本病的特征是蹄、四肢皮肤和较深部组织以及消化黏膜呈现坏死性病变，在内脏可形成转移性坏死灶。坏死杆菌可即发于其他病原菌感染或与其混合感染，在鹿病中占重要地位，我国将其归为三类疫病。

病原学：坏死梭杆菌为多形性革兰氏阴性菌，小者呈球杆菌，在病灶及幼龄培养物中则为大的长丝体，染色时因原生质浓缩而成串珠状，无鞭毛，无芽孢，无荚膜，不能运动。本菌为专性厌氧菌，在血琼脂培养基上 2～3 天即可形成有条纹、边缘呈波状的小菌落。

坏死梭杆菌能产生两种以上毒素。外毒素具有溶血性，并有杀死白细胞的毒性，可使吞噬细胞死亡，释放分解酶，使组织溶解。外毒素在引发特征性病变中具有重要作用。坏死梭杆菌的内毒素经皮下或皮内注射可引起组织坏死。

坏死梭杆菌对理化因素和温热抵抗力都不强。60℃加热 30 分钟或 100℃加热 1 分钟即可杀死本菌；5% 氢氧化钠溶液、1% 高锰酸钾溶液、2% 福尔马林溶液等，15 分钟内均可将其杀死。

在污染的土壤中可存活 10 ~ 30 天，冷水中生存 2 周，粪便中生存 1 个月。坏死梭杆菌对青霉素、链霉素以及磺胺类药物都敏感。

流行病学：病鹿的病变组织分泌物以及排泄物是本病的主要传染源。被污染的饲料、饮水以及土壤都可成为本病的传染源。鹿通过损伤的皮肤、黏膜、脐带、锯茸等感染此病。本病流行不分年龄、性别，由于公鹿顶斗而多发外伤，所以公鹿相对于母鹿发病率高。低温地带或多雨季节，闷热、潮湿或污秽的环境等情况下本病多发。

发病机理：坏死梭杆菌由皮肤黏膜外伤侵入机体，在靶器官内定植，引起局部性炎症，并伴有机能障碍，这时及时治疗效果最好。如不及时治疗，则会引起血液循环障碍，一方面使局部高度肿胀，另一方面由于供血不足使细胞崩解、死亡，引起组织坏死。这种坏死首先是局灶性的，之后局部坏死相融合，形成大的坏死灶。同时伴有组织增生，使局部变粗变硬，即转为慢性过程，此时坏死组织中的坏死杆菌迅速死亡。在疾病的病理过程发生迅速时，病原体也可能自原发性病灶以血源性的途径蔓延。

临床症状：坏死杆菌病随鹿的种类、年龄不同而有不同特点，致死鹿大多消瘦，组织器官内有坏死灶。潜伏期一般 1 ~ 3 天，短则数小时，长则 2 周。常见有腐蹄病、坏死性皮炎、坏死性口炎、坏死性鼻炎、坏死性肠炎等。

成年鹿多患腐蹄病，病初跛行，喜卧，重者全身症状。蹄底及蹄的其他部位可见小孔或创洞，内有腐烂的角质和乌黑的臭液流出，病程长者可致蹄壳变形。

坏死性皮炎的特征为皮肤以及皮下出现坏死和溃烂病灶。多见于体侧、臀部和颈部。病变部位脱毛，炎性渗出，皮肤变白。形成覆有干痂的结节，触之硬固肿胀，并迅速扩散成囊状坏死灶。母鹿乳头和乳房皮肤坏死，甚至乳腺坏死。

仔鹿多发坏死性口、鼻炎，病初厌食，体温升高，流涎、鼻漏、口臭或气喘。口腔黏膜红肿、增温，在齿龈、舌、上颚、颊及咽等处有粗糙、污秽的灰褐色或灰白色伪膜，强力撕脱后露出易出血的不规则溃疡面。发生在咽喉的，有颌下水肿、呕吐、不能吞咽及严重呼吸困难等症状。

坏死性肠炎临床表现为严重性腹泻，排除血脓样或带有坏死黏膜的粪便。

病理变化：死于坏死杆菌病（图 8－2）的鹿只多营养不良、消瘦，内脏有蔓延性或转移性坏死灶，尤其是肝脏、胃黏膜等处。肺内形成大小不等的黄色结节，表面有纤维素性物质，常与胸膜黏连。心脏表现化脓性心包炎，心包积液。坏死性肠炎可见肠黏膜有固膜性坏死和溃疡，严重时波及肠壁全层，甚至穿孔。

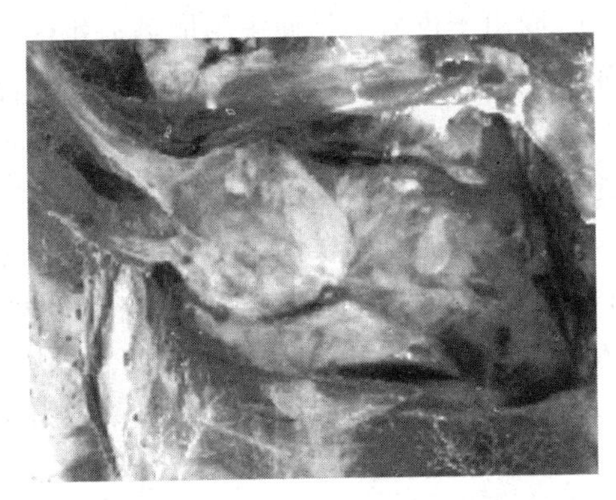

图 8－2　鹿坏死杆菌病

诊断：根据流行病学和临床症状综合分析，可作初步诊断，确诊需进行实验室诊断。

镜检：取体表和内脏病灶坏死组织与健康组织结合处组织进行涂片，自然干燥后用复红美蓝染色法染色，镜检可见大量着色不均匀的串珠状的长丝菌体和细长菌体。

细菌分离培养：取新鲜无污染的病死鹿肝脏、肺脏、浓汁接种于1%孔雀绿培养基，厌氧培养2～3天，长出蓝色、中央不透明、边缘有一圈亮带的菌落。取菌落进行纯培养后进一步鉴定。

动物接种试验：取新鲜无污染的病死鹿肝脏、肺脏、浓汁用灭菌生理盐水制成1：10乳剂，尾根部皮下注射小鼠进行观察。阳性小鼠3天左右注射部位发生脓肿，5～6天坏死，8～12天尾部脱落，并于1～2周内死亡。剖检发现转移性病灶，肝脏涂片染色，可见典型的坏死梭杆菌。

防治措施：坏死杆菌病预防的关键在于避免皮肤和黏膜损伤，同时保持圈舍、环境、用具的清洁与干燥。及时清理粪便及污物，控制密度，防止顶斗发生，发现外伤及时处理。健康鹿可进行坏死杆菌病菌苗免疫接种。

发现腐蹄病及时隔离治疗，清除患部坏死组织，排出脓液，暴露创面造成有氧条件，抑制坏死梭杆菌发育。创面用3%双氧水或1%高锰酸钾溶液清洗后，用青霉素和链霉素撒于创面，防止再次感染。

坏死性口、鼻炎患鹿，先除去伪膜，用1%高锰酸钾溶液清洗后涂碘甘油，每天两次至痊愈。

局部治疗同时应配合全身治疗，如土霉素、四环素、磺胺类药物均可控制本病发展，又可防止继发感染。必要时可注射5%～10%葡萄糖提高免疫力，对食欲不振的给予健胃药。

（五）结核病

结核病是由结核分枝杆菌引起的人、畜、禽共患传染病。其病理特点是机体组织中形成结核结节性肉芽肿和干酪样坏死灶。病程长、渐进性消瘦、咳嗽、衰竭。结核杆菌几乎感染任何品种的鹿，给鹿业发展造成了严重的障碍。世界卫生组织将其归类为

B 类传染病，我国列为二类传染病。

病原学：结核杆菌包括人型结核分枝杆菌、牛型结核分枝杆菌以及禽型结核分枝杆菌，鹿结核病病原体主要为牛型结核分枝杆菌和禽型结核分枝杆菌。

结核杆菌为抗酸性小杆菌，菌体平直或稍弯曲，两端钝圆，涂片中成对或成丛排列，菌团由 3～20 个菌体构成，似绳索状，也有单个存在的菌体。在陈旧培养基上或干酪性淋巴结内的菌体，偶见分枝现象。结核杆菌无鞭毛，不形成芽孢和荚膜，不能运动。牛型分枝杆菌比人型短而粗，菌体着色不均匀，常呈颗粒状。禽分枝杆菌短而小，为多形性。分枝杆菌革兰氏染色阳性。

结核杆菌为需氧菌，牛型生长最适 pH 值为 5.6～6.9，人型为7.4～8.0，禽型为7.2。最适生长温度为 37～38℃。初代分离时可用劳文斯坦－杰森氏培养基培养，2 周左右可长出粗糙菌落，有的需 8 周才可分离初代菌落。在培养基中可加入适量的甘油（牛型除外）、蛋黄、蛋白或全蛋及动物血清或分枝杆菌素等，均有利于结核杆菌快速生长。

结核杆菌广泛分布于自然环境中，对外界环境有坚强的抵抗力，外界存活时间长，特别对干燥、腐败及一般消毒药耐受性强。在土壤中能存活 7 个月，在水中能存活 5 个月，在牛奶中能保存 3 个月，在干燥的痰和分泌物中能保持 10 个月。具有较强的耐酸耐碱性，在 3% 盐酸、6% 硫酸或 4% 氢氧化钠中数小时不死，5% 来苏尔中可存活 48 小时，5% 石炭酸中可存活 24 小时，3% 福尔马林中可存活 3 小时。结核杆菌对温度的抵抗力较弱，60～70℃ 经过 10～15 分钟死亡，煮沸立即死亡。70% 酒精、10% 漂白粉溶液中很快死亡，碘化物消毒效果最佳。结核杆菌对磺胺和多种抗生素都不敏感，但对链霉素、异烟肼和氨基水杨酸等有不同程度的敏感性。

流行病学：患有结核病的病鹿是主要传染源，病鹿从粪便、尿液等排泄物、分泌物排出病原菌，污染周围环境而传染。结核病主要传染途径是呼吸道、消化道以及生殖道。饲养管理不当，鹿舍过于拥挤，通风不良，潮湿，光照不足都是造成结核杆菌扩散的主要因素。结核病流行没有明显的季节性，也不分年龄和性别，圈养鹿发病率高于野生或放牧鹿。

发病机理：结核杆菌为胞内寄生菌，既不产生外毒素、也无内毒素。结核杆菌在机体内大量繁殖后，其菌体成分和代谢产物对机体产生直接损害作用，以及由菌体蛋白刺激而产生的变态反应。侵入机体的结核杆菌被巨噬细胞吞噬。如巨噬细胞不能将其杀灭，则在巨噬细胞内繁殖，最终导致其崩解死亡。死亡的巨噬细胞释放结核杆菌，可在细胞外繁殖或再被巨噬细胞吞噬，并沿淋巴细胞蔓延。局部病变主要是在该菌的直接作用下形成特异性原发性病灶，即原发性结节。当机体抵抗力强时，原发性病灶逐渐包囊化，使局部病灶局限化，长期或终身不扩散，形成瘢痕或钙化痊愈；当机体抵抗力弱时，结核杆菌可从淋巴、血液和天然管道散布全身，引起其他组织器官形成病灶或形成全身性结核。

结核病可分初次感染和二次感染。二次感染多发于成年鹿，可以是外源性感染，也可以是内源性复发。由于机体的免疫作用，二次感染只局限于某个器官。结核杆菌侵入机体某个组织后，引起细胞增生或渗出性炎，表现为结核结节和渗出性结节，这两种炎症常混合发生。

临床症状（图8－3）：鹿结核病潜伏期长短不一，少则十几天，多则数月甚至数年，通常慢性经过。病初症状不明显，当病程逐渐延长而体况下降时，症状则逐渐表露。病鹿渐进性消瘦，食欲减退或反复无常，被毛无光泽，换毛迟缓，精神沉郁，运动迟缓，贫血。鹿结核病在淋巴系统的侵害上要比其他动物严重，常见体表淋巴结肿大和化脓，尤其是下颌、颈部和胸前淋巴结肿胀。不同的患病器官症状表现亦不相同。肺结核多表现咳嗽，先干咳后湿咳，有黏液性鼻液，早晚多发。病程长时呼吸困难，呼吸频率增加，追赶时呛咳。肺部听诊有啰音或摩擦音，叩诊有浊音区。肠结核多见于仔鹿。主要表现为消化不良，顽固性下痢，迅速消瘦，常以死亡为转归。乳房结核表现为患部淋巴结肿大，有局限性或弥散性硬结，严重时乳汁稀薄如水，两侧乳房常不对称，最终停止产乳。生殖器结核会导致性机能紊乱，发情不规律。母鹿慕雄狂、不孕，妊娠母鹿流产；公鹿附睾及睾丸肿大，阴茎前部发生结节或糜烂。脑结核常引起神经症状，如癫痫样发作或运动机能障碍等。

图 8－3　鹿结核病的外貌特征

病理变化：病鹿剖检（图 8－4、图 8－5）主要变化在淋巴结，表现为肿胀和化脓，常见于腹腔肠系膜淋巴结、肺纵膈和体表淋巴结。肠系膜上常见大小不一的肿胀化脓淋巴结，切开后有大量干酪样黄白色脓汁流出，脓汁无臭味，这区别于其他细菌引起的化脓。肺和肺门淋巴结，或肝、脾、肾等器官有大小不等的、表面或切面有很多黄色或白的结节，切开后有的干酪样坏死，有的钙化，刀切时有砂粒感，即所谓的“珍珠病”。肺结核病有时可形成空洞或肺渗出性炎症。肠结核黏膜出现圆形溃疡，周围突起呈堤状，溃疡表面覆盖脓样坏死物质。

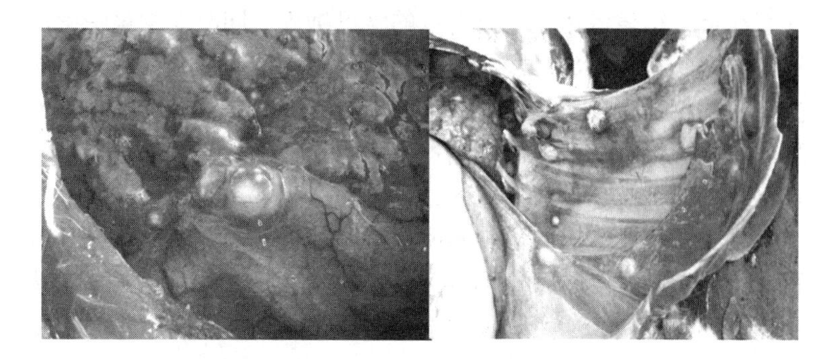

图 8-4　鹿结核病剖检

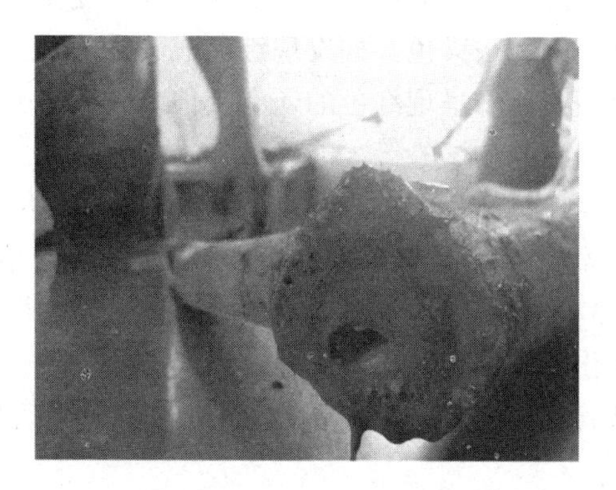

图 8-5　鹿结核茸内化脓

结核病变随机体反应性不同而不同，分为增生性和渗出性结核两种，有时两种病灶同时混合存在。当机体抵抗力强时，对结核的反应常以细胞增生为主，形成增生性结合结节。结节中心常因坏死而失去原有的组织结构，有时伴有钙化现象。周围多是类上皮细胞，其中夹杂巨细胞，构成特异性肉芽肿。外周是一层密集的淋巴细胞和成纤维细胞，从而形成非特异性的肉芽组织。当机体抵抗力弱时，机体的反应则以渗出性炎为主。渗出性结核结节不同于增生性结节，由纤维素组织所组成，但又不同于一般纤维素性炎，结核渗出物内有大量的淋巴细胞，同时有少量嗜中性粒血细胞。这种渗出物浸润组织一样发生干酪样坏死，这是渗出性结核的特征现象。与增生性结核结节不同的是，渗出性结核干酪样坏死，保存有一般组织结构，而增生性结核病灶中，器官原有组织轮廓被破坏。

临床初诊：当鹿只出现不明原因的渐进性消瘦、咳嗽、呼吸异常、慢性乳腺炎、顽固性下痢、体表淋巴结慢性肿胀等症状时，可怀疑本病。通过病理解剖的特异性结核病变，可作出初步诊断。

镜检：取患病器官的结核结节及病变与病变交界处组织直接涂片，用抗酸染色法染色，如发现红色成簇杆菌时，可作初步诊断。由于抗酸染色中呈现红色的还有其他非致病耐酸菌，因此必须经分离培养或动物试验等才能确诊。

分离培养：将病料中加入6%硫酸或4%氢氧化钠溶液处理15分钟后，经中和、离心，取少许沉淀物接种于培养基斜面，封严管口，37℃培养8周，每周观察一次，培养阳性时，需进行特异性和生化特性鉴定。

动物试验：将病料接种于豚鼠皮下，6～8周后处死剖检观察病变。

变态反应诊断：此法可用作大群检疫，用结核菌素进行皮内注射或点眼。但此法特异性只在60%～70%，且鹿只不易保定，所以需结合其他诊断方法进行综合判定。

此外，还有ELISA、IFN-γ诊断，以及PCR和核酸探针等分子生物学检测方法。

防治措施：严格检疫措施，防止引入带菌鹿只。严格控制水源和饲料，不得从疫区引进饲料及动物产品。净化污染群，淘汰病鹿，不提倡治疗。培育健康鹿群，提高其抗病能力。定期消毒，消灭环境中的病原体。对健康鹿群和新生仔鹿注射卡介苗免疫接种。患有开放性结核病的病人不能从事养鹿工作。

（六）破伤风

破伤风又称强直症、锁口疯，是由破伤风梭菌经伤口感染后产生外毒素，侵害神经组织所引起的一种急性中毒性人畜共患病。主要特征为全身骨骼肌持续性或阵发性痉挛，以及对外界刺激反射增高。

病原学：破伤风梭菌为两端钝圆、细长、正直或稍弯曲的杆菌，多单个存在，间或有短链，周身有鞭毛，能运动，无荚膜，芽孢呈圆形，位于菌体一端呈鼓槌状。幼龄培养物革兰氏染色阳性，老龄培养物则呈阴性。破伤风梭菌是严格的厌氧菌，在普通琼脂培养基上可形成扁平、灰白、半透明、表面昏暗、边缘有羽毛状细丝的不规则菌落，如培养基湿润可融合成片。肉汤中略浑浊，后经沉淀而澄清。明胶穿刺培养先沿着穿刺线穗状生长，然后由穿刺轴以直角伸出棉花状细丝深入培养基中，继而液化使培养基变黑，产生气泡。破伤风梭菌可产生破伤风痉挛毒素、溶解毒素以及外痉挛毒素。破伤风痉挛毒素属神经毒素，毒性极强，仅次于肉毒毒素，能引起破伤风特异症状并刺激产生保护性抗原；溶血素可引起局部组织坏死；非痉挛毒素对神经末梢有麻痹作用。破伤风梭菌对一般理化因素抵抗力不强，煮沸 5 分钟即可死亡，一般消毒药在短时间内都能将其杀死。但芽孢体抵抗力极强，在土壤中可存活几十年，耐煮沸 1 ~ 3 小时，高压蒸汽 20 分钟才能将其杀死。

流行病学：破伤风梭菌广泛存在于自然界中，特别是混有粪便的土壤中，通过各种创伤感染，尤其是能造成厌氧微环境的创伤，各种动物均易感。鹿常发生外伤，所以极易感染本病。本病无明显的季节性，但环境差、雨季、潮湿等情况下多发生。

发病机理：破伤风梭菌侵入机体后，在浅表伤口不能生长。

其感染的重要条件是伤口需形成厌氧的微环境。破伤风梭菌无侵袭力，仅在局部繁殖，但其产生的破伤风毒素可随血液循环系统进入到神经系统后可作用于中枢神经系统，导致神经兴奋性异常增高，引起骨骼肌痉挛；还可抑制神经递质释放，阻断其与肌肉的联系，导致呼吸功能紊乱，进而发生循环障碍和血液动力学紊乱，出现脱水、酸中毒，最终导致死亡。

临床症状：破伤风一般潜伏期 1 ~ 2 周。病鹿感染后首先出现颈部肌肉强直，以致采食困难，活动谨慎缓慢。随着病情加重，四肢也出现强直，张开站立。颜面肌肉逐渐紧缩，最后以致牙关咬紧。全身或局部不时作阵发性收缩，受刺激时痉挛收缩症状明显加重。病程一周左右，如不及时治疗则大部分已死亡转归。

病理变化：破伤风的病理变化不明显，一般死后短时间体温上升，尸僵明显。黏膜、浆膜、脊髓等处可见小出血点。骨骼肌变性，肌间结缔组织水肿等。

镜检：采取创伤组织或渗出液加热至 80℃ 去除杂菌后接种到葡萄糖琼脂平板，37℃ 培养 36 小时，可见半透明、边缘不整齐菌落。取菌涂片镜检可见革兰式阳性鼓槌状芽孢杆菌。

动物实验：将病料制成乳剂注射于小鼠皮下，一般 2 ~ 3 天后出现症状，弓腰、尾直、全身肌肉痉挛等。

防治措施：破伤风的感染性和抵抗力极强，且动物机体免疫系统对真菌感染作用不大，因此防治本病主要依靠清洁环境，定期消毒，阻断传播途径以及消灭传染源。坚持自繁自养，引种时严格检疫并隔离观察。对病畜进行及时的隔离淘汰，并对所处环境进行消毒。发现鹿只创伤应及时处理伤口，以防止感染本病。

（七）沙门氏菌病

沙门氏菌病又称副伤寒，是由沙门氏菌引起的人畜共患传染病。该病主要侵害幼龄和青年动物，鹿患该病的特征为败血症和胃肠炎，孕鹿以流产为主要特征。世界卫生组织将其归类为 B 类疫病。

病原学：沙门氏菌是一类条件性胞内寄生的革兰氏阴性肠杆菌，菌体两端钝圆、中等大小、无荚膜、无芽孢，除鸡白痢沙门氏菌和鸡伤寒沙门氏菌外，都有鞭毛，能运动。在普通培养基上形成圆形光滑、无色透明、中等大小菌落。能分解葡萄糖、麦芽糖、甘露醇和山梨醇并产生酸气，不分解乳糖，也不产生靛基质。沙门氏菌对腐败、干燥、日照等因素具有一定的抵抗力，自然环境中可生存数周或数月，水中能存活 2 ~ 3 周，粪便中能存活 1 ~ 2 个月，肉品腌制不能将其杀死。对热抵抗力不强，60℃时 15 分钟即可将其杀死。对化学消毒剂抵抗力不强，常用消毒剂都能将其杀死。大部分菌株对庆大霉素、喹诺酮类药物敏感。沙门氏菌属细菌主要由 O 和 H 两种抗原。具有一定侵袭力，细菌死亡后释放毒力强大的内毒素，可引起宿主体温升高，白细胞数下降，大剂量时导致中毒和休克。

流行病学：病鹿和带菌动物是该病的主要传染源，患病动物的排泄物、分泌物、流产胎儿、胎衣、羊水等都带有大量沙门氏菌，排出的病原菌可污染环境、水和饲料并在其中存活较长时间。沙门氏菌可通过消化道和呼吸道传播，交配也可传播本病，当鹿抵抗力下降时，也可发生内源性感染。本病没有明显的季节性，卫生条件、气候、密度、运输、分娩等都可促使本病的发生。

临床症状：仔鹿常呈急性经过，成年鹿一般急性或亚急性经过。急性突然发病、高热、精神沉郁、喜躺卧、食欲废绝，不久后便表现毒血症症状，下痢，粪便成水样，恶臭，有时带血。妊娠母鹿流产或产弱羔。仔鹿发病时迅速出现衰竭等症状，病初体温升高，排灰黄色液状粪便，并带有血丝，恶臭。慢性病例症状不明显，主要消化机能紊乱，食欲不同程度减退，下痢。

病理变化：鹿表现急性、黏液性、坏死性、出血性肠炎和严重的皱胃炎变化。回肠和大肠可见肠壁增厚，肠黏膜发红呈颗粒状，表面有灰黄色坏死物，肠系膜淋巴结增大，脾肿大。流产胎儿、胎盘一般比较新鲜，胎儿皮下水肿，胸、腹腔有大量积液，内脏浆膜纤维素性渗出，心外膜和肺出血。

诊断：根据流行病学和临床症状以及病理变化综合分析，可作初步诊断，确诊需进行实验室诊断。

镜检：采取内脏病变部分和血液涂片，革兰氏染色后可见多量革兰氏阴性小杆菌。

细菌分离鉴定：将病料涂抹于 SS 琼脂或麦康凯琼脂、伊红美蓝琼脂，37℃培养 24 小时，挑取可疑菌落斜面画线后穿刺接种于三糖铁琼脂培养基，如出现上红下黄有黑色，且可能有产气，可做进一步鉴定。

防治措施：清洁饲养环境，消除诱发因素，对圈舍、器具定期消毒。定期检疫和疫苗接种，发现病鹿及时隔离，清除传染源，对病死鹿深埋或焚烧，严格消毒。病鹿可用土霉素和金霉素口服，每千克体重 5～15 毫克，每日 2～3 次，3～5 日后药量减半，持续治疗一周。庆大霉素、喹诺酮等磺胺类药物也可用于治疗本病。

（八）炭疽

炭疽是由炭疽杆芽孢菌引起的一种急性、烈性、热性、败血性人畜共患传染病。炭疽病感染后潜伏期短、病情急、死亡率高，是一种高度致命性传染病。患炭疽病鹿最常见的临床表现是败血症，发病突然，高热，可视黏膜发绀，口流黄水或泡沫，血液凝固不良呈煤焦油样，尸体极易腐败。世界卫生组织将其归类为 B 类传染病，我国列为二类传染病。

病原学：炭疽芽孢杆菌属革兰氏阳性菌，在一般动物组织内常散在或2～5个形成短链。炭疽芽孢杆菌在动物体内菌体周围有荚膜，这是本菌的重要特征，其他种类的芽孢杆菌一般不形成荚膜。腐败组织中往往不见菌体，只见荚膜的阴影轮廓。患病动物的体内菌体通常不形成芽孢，当炭疽芽孢杆菌或其病料暴露于空气时，在12～42℃条件下遇到自由氧则形成具有很强抵抗力的芽孢。芽孢呈卵圆形位于菌体中央，对高温、化学药品、干燥等条件均有很强的耐受能力，在适宜的环境中能维持“繁殖体—芽孢—繁殖体”的循环，炭疽芽胞的污染一旦形成很难清除，将其放置在干燥的土壤中60年后仍能够发芽和致死动物。

炭疽芽孢杆菌为兼性需氧菌，生长条件不严格，pH值6～8、14～44℃均可生长，最适生长温度为30～37℃，最适pH值为7.2～7.6。营养要求不高，在琼脂平板上生长旺盛，菌落扁平、灰白色、不透明、干燥、边缘不齐，低倍镜检时边缘呈弯曲的卷发状，菌落较大。在血琼脂培养基中不溶血。炭疽芽孢杆菌的繁殖体对外界理化因素抵抗力不强，在人为解剖的尸体内1～4天即可死亡，煮沸立即死亡，一般的消毒药都可杀灭。一旦炭疽芽孢杆菌形成芽孢，抵抗力则会变得很强，150℃干热一小时才能将其杀死，煮沸15分钟尚不能杀死全部芽孢，高压蒸汽121℃下10分钟可全部杀死。炭疽芽孢杆菌对青霉素、四环素以及磺胺类药物敏感。

流行病学：除鹿外，多种动物都对炭疽芽孢杆菌易感，草食动物最易感，其次是肉食动物，人也易感。本病的主要传染源是患病动物，特别是临死前以及新鲜的尸体。患病动物的排泄物、分泌物以及尸体中的病原体一旦形成芽孢，污染周边环境后在土壤内长期保存，则形成长久的疫源地。疫源地难以根除，所以，很多国家和地区仍有该病流行。本病的主要感染途径是消化道，常因采食被污染的饲料、饲草、饮水或含有病原体的肉类等被感染。破损的皮肤、黏膜以及公鹿锯茸之后伤口都可引起感染。本病没有明显的季节性，但在多雨、洪水泛滥以及吸血昆虫活动频繁时较多见。也有在疫区引入的动物产品后诱发本病的。

发病机理：当炭疽芽孢侵入机体后，可在局部组织中发育繁殖，然后经巨噬细胞吞噬并转运到淋巴系统，再突破淋巴屏障进入血液继续繁殖，造成菌血症。发芽后的炭疽芽孢杆菌可在体内产生荚膜，荚膜可抑制巨噬细胞对其的吞噬作用，使菌体不受宿主细胞的吞噬以及溶菌酶的溶解，逃离宿主的免疫防御，而后迅速繁殖。炭疽芽孢杆菌进入血液后，分泌水肿因子、保护性抗原、致死因子。保护性抗原具有抗吞噬细胞吞噬作用，可使水肿因子和致死因子被转运到细胞内；水肿因子增加血管壁通透性，导致血浆渗出，从而引起局部组织器官充血、出血，导致败血症；致死因子阻止趋化因子和细胞因子的释放，并作用于中枢神经系统。这些因子互相结合可损伤或杀死宿主的白细胞、抑制补体活性，激活凝血酶而导致弥漫性血管内凝血，最终宿主出现水肿、休克，以及死亡。

临床症状：炭疽的潜伏期一般为 1～5 天，最长为 14 天，根据其病程长短可分为最急性型、急性型和亚急性型。最急性型常见于本病流行初期，死前不显任何临床症状，突然倒地挣扎，呼吸急促，全身痉挛，瞳孔散大，口流黄水，数分钟内死亡。急性型病程 1～2 天，较常见。病鹿体温迅速上升至 40～41℃，鼻镜干燥，精神萎靡，食欲废绝，呼吸频率加快，肌肉震颤，有的病例可见瘤胃膨胀。6～12 小时后卧地不起，四肢摆动，呼吸困难、可视黏膜发绀，排血尿或血便，口流黄水或泡沫，角弓反张，痉挛而死，濒死期体温急速下降。

亚急性型常见于本病流行的中后期，病程 2～3 天，最长可达十多天。病鹿精神沉郁，食欲初期减退，后废绝，反刍停止，体温升高，腹痛，腹泻，排血便，有时排出管状肠黏膜，粪便腥臭，有的排血尿，个别病例在茸根、头面部、颌下或颈前部发生水肿。

病理变化：一般尸僵形成良好，尸体腹胀明显，天然孔一般无变化，口、鼻腔内蓄有或流出泡沫样液体，有时会有黑色血液流出，黏膜发绀并有出血点。血液凝固不良，呈煤焦油样。皮下组织大多无明显变化。全身淋巴结呈黑褐色，切面湿润多汁并有出血点。胸、腹膜均有弥漫性出血，出血点大小不一。鹿患炭疽时脾脏高度肿大，与其他动物不同。肠有出血性肠炎症状，肠腔内充满血液，呈血肠样，有的局部水肿。膀胱黏膜有出血点。

诊断：有怀疑炭疽死亡的病鹿不得剖检，以防止炭疽杆菌遇空气形成芽孢，应采取细菌血液进行实验室诊断。

镜检：采取濒死或死亡不久的血液样本或误剖检的病鹿组织制成涂片进行瑞氏染色，镜检时若见具有红色荚膜、菌端平直呈砖形或稍凹陷的粗大杆菌，结合临床表现，即可诊断为炭疽。

分离培养：将病料分别无菌接种于肉汤、普通琼脂平板和血琼脂平板上，37℃培养 24 小时后观察。肉汤上清液清澈透明，液面无菌膜，底部可见白色絮状物；普通琼脂平板可见边缘粗糙，不透明的灰白色大菌落；血琼脂平板可见不溶血、圆形、整齐、表面光滑而黏稠的菌落，镜检可见与直接镜检形态相同的革兰氏阳性杆菌。

动物培养：取病料制成乳剂，腹腔注射 0.1 毫升于小鼠，注射后 18 ~ 24 小时小鼠死亡，呈败血症。剖检可见皮下结缔组织胶样浸润，肝、脾肿大，镜检可见与上述形态形同的杆菌。

环状沉淀反应：取病变组织研细后加入 5 ~ 10 倍生理盐水稀释，试管内煮沸 30 ~ 40 分钟后滤纸过滤，滤液即待检沉淀原液。重叠法操作。用毛细管吸取沉淀素血清加入反应管内，用另一只毛细管吸取待检沉淀原液，沿管壁缓慢加入沉淀素血清之上，静置数分钟后，在接触面出现一层清晰的白色沉淀环，即可判定为阳性。

荧光抗体快速诊断：病料涂片、干燥固定后用炭疽荚膜荧光抗体染色，荧光显微镜观察可见炭疽菌体高度膨大，荚膜呈明亮的黄绿色荧光。

防治措施：炭疽疫源地一旦形成难以根除，故对炭疽疫区进行封锁，对病鹿和可疑病鹿进行隔离治疗，对假定健鹿进行疫苗接种，全群预防性用磺胺类药3天，对有价值的已患病鹿种可用抗炭疽血清进行特异性治疗。病死鹿只不得解剖，尸体焚烧或深埋。对环境及用具进行彻底消毒，污染物一律烧毁，地面用20%漂白粉或10%氢氧化钠溶液喷洒3次，每次间隔一小时。当最后一头病鹿死亡或病愈后，再经过半个月，到疫苗接种反应结束时再不出现病鹿或死亡时，则可解除封锁，解除封锁后再进行一次环境彻底消毒。

二、传染性疾病防控

（一）病毒性腹泻—黏膜病

病毒性腹泻—黏膜病是由牛病毒性腹泻/黏膜病病毒引起鹿的一种急性、热性传染病。临床表现主要为腹泻，黏膜发炎、糜烂、坏死，发热，白细胞减少，流产、死胎或畸形胎。世界卫生组织将其归类为B类传染病，我国列为三类传染病。

病原学：病毒性腹泻—黏膜病的病原是病毒性腹泻病毒，又名黏膜病病毒，属于黄病毒科、瘟病毒属，是一种单股RNA有囊膜的病毒，与猪瘟病毒、边界病毒含有共同的可溶性抗原。牛病毒性腹泻病毒可在胎牛肾细胞、牛鼻甲骨细胞以及牛皮肤、肌肉、睾丸等细胞中生长繁殖。牛病毒性腹泻病毒对外界因素的抵抗力不强。不耐热，56℃很快被灭活，低温下稳定，冻干后

-70℃条件可保持多年。对氯仿、乙醚敏感。

流行病学：患病动物为主要传染源，可通过直接或间接接触的传播方式传染，主要通过消化道和呼吸道。患病动物的分泌物、排泄物、血液和脾组织中均含有病毒，动物感染后形成病毒血症。鹿、牛、羊等均可感染病毒性腹泻—黏膜病，发生通常无季节性，于秋末冬初或冬末春初多发生。一般新疫区急性病例多，发病率和死亡率较高，老疫区发病率和死亡率较低，但隐性感染在50%以上。

发病机理：被感染的鹿通过口腔和鼻腔的分泌物以及粪便和尿液向周围环境散播病毒，当病毒通过消化道和呼吸道侵入机体后，在消化道和呼吸道上皮细胞内增殖，再侵入血液形成病毒血症，而后侵入淋巴组织。牛病毒性腹泻病毒可直接导致鹿死亡，但在绝大多数情况下，是由其抑制了鹿的免疫机制，从而引起病毒血症期间条件性病原的并发感染造成的。急性感染后临床症状一般是温和型的，以低烧、腹泻和白细胞减少为主要症状。牛病毒性腹泻病毒可通过胎盘导致胎儿感染，从而造成流产、死胎或畸形胎。

临床症状：急性型鹿只通常突然发病，厌食，咳嗽，浆液性和黏液性鼻漏，流涎，体温升高，白细胞减少。腹泻为特征性症状，持续3~4周甚至数月，粪便呈水样，恶臭，混有大量黏液和气泡。病鹿渐进性消瘦，体重减轻。急性病例仔鹿多发。慢性型鹿只症状不明显，体温无明显变化，消瘦，被毛粗乱，步履蹒跚，间歇性腹泻。病程2~6个月，多数以死亡转归。

病理变化：病毒性腹泻—黏膜病主要病变部位常见于消化道和淋巴组织。口腔黏膜、消化道黏膜充血、出血、水肿、糜烂和溃疡。口腔和咽部黏膜形成浅表烂斑。瘤胃偶见出血和糜烂，真胃黏膜性水肿和糜烂。小肠卡他性炎症，肠道各部分有出血和充血。集合淋巴结和整个消化道淋巴结水肿。

诊断：可根据病史、临床症状以及病理变化进行初诊，确诊必须经过实验室诊断。

病毒鉴定：采取鼻液或眼分泌物、血液、粪便、脾、骨髓、肠系膜淋巴结等，处理后接种于胎牛肾、脾睾丸和气管等细胞培养物中，盲传3代后用荧光抗体检测法检测病毒。

除此之外，病毒分离技术、中和试验、免疫琼脂扩散试验、ELISA、免疫荧光试验、补体结合反应、RT-PCR等方法都可用于诊断。

防治措施：本病尚无有效的治疗药物，对症治疗和加强护理可减轻症状。引种时必须严格检疫，确定健康方可入场，定期检疫和消毒。一旦发现病鹿，立即隔离治疗或淘汰。对无病鹿群进行疫苗接种。

（二）口蹄疫

口蹄疫是由口蹄疫病毒引起的一种急性、烈性、高度接触性传染病，主要感染偶蹄目动物，人和非偶蹄动物也可感染本病，但症状较轻。病鹿的口腔黏膜、蹄部、乳房以及皮肤其他无毛处发生水疱和溃烂。口蹄疫传播速度快、流行范围广，世界卫生组织将其归类为A类传染病，我国列为一类传染病。

病原学：口蹄疫病毒属微核糖核酸科，口蹄疫病毒属。有A、O、C、Asia I、SAT I、SAT II、SAT III等7个不同的血清型和80多个不同的亚型。血清型间几乎无交叉免疫力，且单独血清型的病毒都可引起本病的暴发。口蹄疫病毒为已知动物RNA病毒中最小病毒，病毒直径颗粒仅20~25纳米，无包膜。病毒粒子呈球形，为正二十面体衣壳结构。内部RNA呈单股线状，决定其感染性和遗传性；外部为蛋白质，决定其抗原性、免疫性和血清学反应能力。口蹄疫病毒对外界的抵抗力较强，自然情况下，含病毒的组织以及污染的饲料、饮水、皮毛、用具和土壤中可在数月内保持传染性。在低温和有蛋白质保护的条件下可长期存活。水疱中的口蹄疫病毒，在50%甘油生理盐水中5℃可存活一年以上，-70℃至-30℃可存活12年。高温和阳光对口蹄疫病毒有杀灭作用，阳光直射60分钟死亡，70℃30分钟或煮沸3分钟即可将其杀死。对酸碱均很敏感，2%氢氧化钠、2%甲醛、0.5%过氧乙酸、4%碳酸钠等都可短时间内将其杀死。食盐、酚、酒精、氯仿等对口蹄疫病毒无效。

流行病学：口蹄疫可感染的动物种类较多，但以偶蹄动物最易感，人也有易感性。患病动物可长期的带毒和排毒，为主要传染源，其水疱皮、水疱液、唾液、粪便、乳汁、呼出的空气以及精液都含有大量致病力很强的病毒。被污染的水源、饲料、用具以及饲养人员的衣物都可传播本病。空气也是重要的传播媒介，病毒可随风传播到50~100千米外，甚至远距离跳跃式传播。

口蹄疫在发病初期传染性最强，主要是直接接触传播。急性发作的鹿在临床症状表现期排毒最多，潜伏期的鹿在未发生水疱之前即可排毒。病愈鹿在一定时间内仍可携带病毒。最常见的感染门户是消化道和呼吸道，也可经损伤的皮肤和黏膜感染。口蹄疫没有明显的季节性，光照时间、气候、温度等自然条件和交通情况以及饲养管理等都可影响本病发生。

发病机理：口蹄疫病毒侵入鹿机体后，首先在侵入部位的上皮细胞生长繁殖，从而引起浆液性渗出造成原发性水疱。当机体抵抗力不足时，病毒则由水疱进入血液形成病毒血症，从而引起鹿体温升高、食欲减退、脉搏增数等症状。病毒随血液进入到口腔黏膜、蹄部、乳房皮肤组织等部位的上皮细胞继续繁殖，形成继发性水疱，水疱破裂后形成糜烂和溃疡病灶。口腔病变可导致鹿只流涎、采食困难；蹄部病变可造成跛行，严重者蹄匣脱落。幼鹿可造成心肌变性或坏死，引起急性心肌炎而死亡。

临床症状：鹿患口蹄疫通常发病突然，体温升高，精神萎靡，食欲不振，哺乳母鹿泌乳减少。发病初期在口唇、舌面、齿龈、软腭、颊部黏膜及蹄冠、蹄踵和趾间的皮肤出现大小不等的水疱，随后增大融合成片。1～2 天后水疱破裂流出液体后，露出明显的红色糜烂病灶，此时若继发细菌感染可造成病鹿无法采食。病鹿四肢皮肤、蹄叉、蹄尖出现糜烂，严重者蹄壳脱落，跛行，甚至不能行走，站立困难。怀孕母鹿大多流产或弱仔。仔鹿感染水疱不明显，主要表现为出血性肠炎和心肌麻痹，死亡率高。

病理变化：病鹿口腔、呼吸道、蹄部等处出现水疱、烂斑和溃疡。瘤胃有单个坏死性溃疡，仔鹿常瘤胃穿孔。真胃和肠黏膜可见出血性炎症以及溃疡病灶。心包有弥漫性点状出血，心脏出现“虎斑心”样变化，肝、肾也呈同样变化。病理组织学检查可见皮肤的棘细胞肿大呈球形，间桥明显，棘细胞渗出甚至溶解。心肌细胞变性、坏死、溶解。

诊断：口蹄疫可根据临床症状进行初诊，确诊必须经过实验室诊断。

动物接种试验：无菌采取病鹿水疱液至少 1 毫升，加入适量抗生素后加盖密封。选取健康豚鼠两组，划破趾部皮肤后一组接种病鹿水疱液，另一组接种生理盐水。数小时后接种病鹿水疱液试验组在接种部位陆续出现水疱，对照组无异常变化。

除此之外，病毒分离技术、补体结合实验、凝集试验、ELISA、核酸探针、PCR 等方法都可用于检测口蹄疫病毒。

防治措施：对于未发生过疫情的地区，引种时必须严格检疫，确定健康方可入场。严格控制水源和饲料，不得从疫区引进饲料及动物产品。每年接种疫苗 1～2 次，定期检疫和消毒。

如果在鹿群中发现患有口蹄疫鹿只，及时上报疫情，确定疫点、疫区和受威胁区并进行封锁，禁止人畜以及物品流动。将其所在饲养群捕杀处理，对污染区进行彻底消毒。当最后一头病鹿死亡后，3 个月内未出现新病例时，则可上报解除封锁。

（三）狂犬病

狂犬病又称恐水病，是由狂犬病毒引起的人畜共患直接接触性传染病。临床表现为患病动物神经极度兴奋、狂躁、意识障碍、恐惧不安、怕风恐水、流涎和咽肌痉挛，最后常因严重的脑脊髓炎，全身麻痹而死亡。狂犬病是动物和人类最古老的疾病之一，呈世界性分布。世界卫生组织将其归类为 B 类传染病，我国列为二类传染病。

病原学：狂犬病毒属于弹状病毒科狂犬病毒属，是有包膜的单链（负链）RNA 病毒。病毒呈子弹状或试管状，中心是由单链正 RNA 和蛋白构成的芯髓，外面有螺旋对称的衣壳，最外层为囊膜。狂犬病毒可在鸡胚绒毛尿囊膜内增殖，也可在小鼠、大鼠、家兔等脑组织上生长。

狂犬病毒对外界理化因素的抵抗力不强，不耐湿热，50℃下 15 分钟或 100℃下 2 分钟即可将其灭活。反复冻融，紫外线或阳光照射都可将其灭活。过氧化氢、高锰酸钾、新洁尔灭、来苏尔、丙酮、乙醚、70% 乙醇、0.1 升汞、5% 福尔马林都可将其灭活。低温可长期存活，50% 甘油缓冲液中可在低温下存活数月至数年。

流行病学：狂犬病毒的宿主广泛，人和所有温血动物，包括鸟类都能感染。主要存在于患病动物的中枢神经组织，唾液腺和唾液中，脏器、血液和乳汁中也有少量存在。患病动物和带毒者都是本病的传染源。被患病动物抓伤、咬伤、易感动物伤口、黏膜被舔舐等都可传播本病。本病无明显季节性，冬末春初发生较多。常呈散发流行，不同年龄、性别的鹿只均易感。

发病机理：患病动物体内的狂犬病毒经伤口进入鹿只皮下组织，在伤口肌细胞内少量增殖，然后侵入附近末梢神经，沿神经纤维侵入神经中枢。

临床症状：突然发病，患鹿精神异常，尖声嘶叫，沉郁，两后肢有些强拘，步样不稳，呈现蹒跚，后躯强硬，呈现不完全性麻痹。一般多见狂暴、沉郁、后躯麻痹混合发生。鼻镜湿润，体温初期升高，后转为正常或下降，食欲减退或废绝，反刍停止，饮水减少，耳下垂，头擦围墙或障碍物，擦破头皮，皮肤脱毛出血，根据观察，大致可分为3种类型。

兴奋型患鹿突然发病，离群尖叫不安，啃咬自己或其他鹿，顶撞围墙或其他鹿，严重者可将头部毛撞掉，皮内渗血，对人有攻击行为。有的鹿鼻镜干燥，流涎，结膜潮红。体温初期升高1～2.5℃，后期下降。偶见前肢刨地、舔肛门及乳房。便秘、下痢交替，里急后重，走路蹒跚，进而后躯呈不完全麻痹，伫立时四肢叉开。最后倒地，头颈后背。病程3～5天。

沉郁型患鹿精神不振，呆立，拒食，头震颤，磨牙空嚼，耳下垂，后躯无力。下痢，回视腹部，行走蹒跚，流涎，卧地不起，5～7天死亡。

麻痹型患鹿减食或拒食，后躯无力，走路摇晃，或呈母畜排尿或站立姿势。强行驱赶时，则见后肢拖地行走。死期较长。

病理变化：尸僵完整，营养良好。口角有黏液，角膜高度充血，有的肛门周围被污染，皮下血管充盈。肝肿浊，小叶间结缔组织增宽，有钱币大坏死灶，切面轻度外翻，血流量较多，质脆。脾轻度萎缩。真胃幽门部位黏膜有新旧不同的出血性溃疡。十二指肠内容物呈小豆粥样，空回肠黏膜呈卡他性变化，或局段性出血，严重的呈红色腊肠样，直肠内宿便恶臭，肠系膜充血，淋巴结肿大。硬脑膜下血管出血，脉络丛血管充盈，皮质有小出血点。小脑、延脑、桥脑、四叠体、丘脑均明显充血。

诊断：

临床诊断　鹿狂犬病主要通过消化道感染，大多无咬伤史。

依据神经症状和剖检，结合流行病学调查可作初诊。

病原学诊断　取鹿大、小脑以及脊髓等神经系统脏器，在电镜下，可在神经细胞浆内观察到典型的子弹型中等大小病毒颗粒。取病鹿脑组织制成10%乳剂接种于小鼠脑内和腹腔，对发病小鼠取病料诊断或继代培养。

生物学实验：取一代鼠脑培养物接种于小鼠、大鼠、家兔等，小鼠6~8日发病，大鼠11~13日，家兔14~17日。发病均以神经症状为主。

防治措施：治疗上尚无有效办法。预防可肌内注射狂犬病疫苗，注射后两周产生免疫力，可预防本病。鹿舍需要经常性彻底消毒，患病鹿严格隔离，及时捕杀。

附录1　日常饲料配方表

附表1　梅花鹿公鹿生茸期及恢复期和生茸前期日粮组成

[千克/(天·只)]

时期	精料	多汁料	青粗料	碳酸氢钙	食盐
生茸期	2.0~2.5	2.0~3.0	3.0~4.0	0.03	0.025
生茸前期、恢复期	1.2~1.5	1.0~1.5	2.0~3.0	0.025	0.03

附表2　母鹿妊娠期、配种期和哺乳期日粮组成

[千克/(天·只)]

时期	精料	多汁料	青粗料	碳酸氢钙	食盐
妊娠期	1.0~1.2	1.0	1.2~2.0	0.02	0.025
配种期	1.1~1.2	1.0	2.0	0.015	0.018
哺乳期	1.0~1.25	1.5	2.5~6.0	0.03	0.025

附表3　梅花鹿公鹿生茸期精料配方

饲料	公鹿年龄				
	1岁	2岁	3岁	4岁	5岁以上
玉米面	29.5	30.5	37.6	54.6	57.6
大豆饼、粕	43.5	48.0	41.5	26.5	25.5
大豆(熟)	16.0	7.0	7.0	5.0	5.0
麸皮	8.0	11.0	10.0	10.0	8.0
食盐	1.5	1.5	1.5	1.5	1.5
磷酸氢钙或骨粉	1.5	2.0	2.4	2.4	2.4

（续表）

饲料	公鹿年龄				
	1岁	2岁	3岁	4岁	5岁以上
添加剂（克/千克）	400/100	400/100	400/100	400/100	400/100
合计	100	100	100	100	100
营养水平					
粗蛋白	27.0	26.0	24.0	19.0	18.0
总能	17.68	17.26	17.05	16.72	16.72

附表4　梅花鹿公鹿配种期精料配方

饲料	配合比例	营养指标	营养水平
玉米面	49.1	粗蛋白（%）	19
豆粕	33.0	总能（兆焦/千克）	15.65
麸皮	12.0	代谢能（兆焦/千克）	10.90
食盐	1.5	钙（%）	0.95
磷酸氢钙或骨粉	2.4	磷（%）	0.65
预混料	2		

附表5　梅花鹿公鹿越冬期精料配方

饲料	公鹿年龄				
	1岁	2岁	3岁	4岁	5岁以上
玉米面	57.5	52.0	61.0	69.0	74.0
大豆饼、粕	24.0	27.0	22.0	15.0	13.0
大豆（熟）	5.0	5.0	4.0	2.0	2.0
麸皮	10.0	10.0	10.0	11.0	8.0
食盐	1.5	1.5	1.5	1.5	1.5
磷酸氢钙或骨粉	2.0	1.5	1.5	1.5	1.5
添加剂（克/千克）	400/100	400/100	400/100	400/100	400/100
合计	100	100	100	100	100

（续表）

饲料	公鹿年龄				
	1 岁	2 岁	3 岁	4 岁	5 岁以上
营养水平					
粗蛋白	18.0	17.9	17.0	14.5	13.51
总能	16.3	16.72	16.72	16.26	15.97

附表 6　梅花鹿配种期、妊娠期精料配方

饲料名称	配种期		妊娠期		
	前期 8 月 25 日至 9 月 30 日	后期 10 月 1 日至 10 月 30 日	前期 12 月 1 日至 翌年 1 月 31 日	中期 2 月 1 日至 3 月 31 日	后期 4 月 1 日至 5 月 20 日
玉米（%）	58.5	61.5	61.5	58.0	53.0
豆饼（%）	28	25.0	20.0	15.0	20.0
大豆（%）			5.0	15.0	15.0
麦麸（%）	10.0	10.0	10.0	8.0	8.0
石粉（%）	1.0	1.0	1.0	1.0	1.0
磷酸氢钙（%）	1.0	1.0	1.0	1.5	1.5
食盐（%）	1.5	1.5	1.5	1.5	1.5
添加剂（克/千克）	400/100	400/100	400/100	600/100	600/100
合计	100.0	100.0	100.0	100.0	100.0
日喂量（千克）	0.9	0.9	1.0	1.0	1.1
营养水平					
粗蛋白（%）	17.62	16.65	16.42	17.39	19.02
总能（兆焦/千克）	16.01	16.01	16.18	16.55	16.64

附表7　梅花鹿母鹿哺乳期精料配方

饲料名称	前期 5月1日至 6月15日	中期 6月16日至 7月15日	后期 7月16日至 8月25日
玉米面（%）	50.0	46.0	42.0
豆饼（%）	32.0	36.0	40.0
麦麸（%）	8.0	8.0	8.0
高粱（%）	6.0	6.0	6.0
石粉（%）	1.0	1.0	1.0
食盐（%）	1.5	1.5	1.5
磷酸氢钙（%）	1.5	1.5	1.5
添加剂（克/千克）	600/100	600/100	600/100
合计	100.0	100.0	100.0
日喂量（千克）	1.0	1.1	1.2
营养水平			
粗蛋白（%）	23.0	24.0	25.5
总能（兆焦/千克）	15.3	15.3	15.3

附表8　离乳幼鹿的精饲料

饲料原料	8月	9月	10月	11月	12月
豆科籽实（千克）	0.15	0.25	0.35	0.35	0.4
禾本科籽实（千克）	0.1	0.1	0.1	0.2	0.2
糠麸类（千克）	0.1	0.1	0.1	0.1	0.1
食盐（克）	5	8	10	10	10
磷酸氢钙（克）	5	8	10	10	10

附表9　育成梅花鹿的精饲料

梅花鹿性别	育成公鹿				育成母鹿			
季度	1	2	3	4	1	2	3	4
豆科籽实（千克）	0.4	0.4~0.6	0.7	0.7	0.4	0.4	0.45	0.5

(续表)

梅花鹿性别	育成公鹿				育成母鹿			
季度	1	2	3	4	1	2	3	4
禾本科籽实（千克）	0.2~0.3	0.2~0.3	0.2	0.3~0.4	0.2	0.2	0.2	0.2
糠麸类（千克）	0.3	0.3	0.3	0.3	0.3	0.3	0.3	0.3
酒糟类（千克）	0.3~0.4	0~0.4	—	0~0.5	0.3~0.4	0~0.4	—	0~0.5
食盐（克）	10	15	15	20	10	15	15	20
磷酸氢钙（克）	15	15	15	15	10	15	15	15

附录 2　常见疾病及多发时期

常见疾病	多发时期	典型临床特征
巴氏杆菌病	无明显季节性，但冷热交替、气候剧变、闷热、潮湿、多雨等情况下较多发	咳嗽，鼻镜干燥，体温升高。严重时呼吸极度困难，粪便稀薄
布鲁氏菌病	无明显季节性	母鹿流产、胎盘滞留、胎衣病变、乳腺炎、不孕；公鹿关节炎和睾丸炎
大肠杆菌病	无明显季节性	腹泻、便血
坏死杆菌病	无明显季节性	腐蹄病，病初跛行，喜卧，重者全身症状
结核病	无明显季节性	病鹿渐进性消瘦，食欲减退或反复无常，被毛无光泽，换毛迟缓，精神沉郁，运动迟缓，贫血
破伤风	无明显季节性	颈部肌肉强直，四肢强直，张开站立
沙门氏菌病	无明显季节性	高热、精神沉郁、喜躺卧、食欲废绝，下痢，粪便成水样，恶臭，有时带血
炭疽	无明显季节性	鼻镜干燥，精神萎靡，食欲废绝，呼吸频率加快，肌肉震颤
病毒性腹泻—黏膜病	无明显季节性	厌食，咳嗽，浆液性和黏液性鼻漏，流涎，体温升高，白细胞减少
口蹄疫	无明显季节性	口唇、舌面、齿龈、软腭、颊部黏膜及蹄冠、蹄踵和趾间的皮肤出现大小不等的水疱
狂犬病	无明显季节性，冬末春初发病较多	狂暴、沉郁、后躯麻痹

附录 3　梅花鹿常用药物

1　抗菌消炎类药物			
青霉素钠（钾）	肌注	每日 200 万～500 万单位，分 2 次给药	广谱抗菌药，主要对革兰氏阳性菌有强大的抑制作用
链霉素	肌注	每日 100 万单位	广谱抗菌药，主要作用于革兰氏阴性菌
硫酸庆大霉素	肌注	1～1.7 毫克/千克	广谱抗菌药，对多种革兰氏阴性菌及阳性菌都具有抑菌和杀菌作用
2　解热镇痛类药物			
安痛定	肌注	每次 5 毫升	解痛镇热，用于感冒体温上升
3　强心抗过敏类药物			
尼可刹米	肌注	0.25～0.5 克	强心剂，增强心脏功能。用于心脏衰弱
肾上腺素	肌注	0.5～1 毫克	适用于休克、心力衰竭
4　麻醉类药物			
鹿眠宝 3 号	肌注	1～2.5 毫升	麻醉保定
鹿醒宝 3 号	肌注	1～2.5 毫升	解除麻醉，苏醒
5　驱虫类药物			
伊维菌素	肌注	0.2 毫克/千克	对线虫和节肢动物有良好的驱杀作用
6　消毒类药物			
氢氧化钠	喷洒	3%～5%溶液	地面、粪便、笼具消毒
漂白粉	喷洒	10%～20%溶液	对水、粪便、房舍消毒
高锰酸钾	喷洒	0.5%～1%溶液	对地面、食具、饲料、房舍、创伤消毒

参考文献

[1] 赵世臻，沈广．中国养鹿大成［M］．北京：中国农业出版社出版，1998.
[2] 曾申明，朱士恩．鹿的养殖·疾病防治·产品加工［M］．北京：中国农业出版社出版，1999.
[3] 江苏新医学院编．中药大辞典（下册）［M］．上海：上海人民出版社，1977.
[4] 高元泰，陈玉良，等．全国基层医院中药鉴别和临床用药［M］．北京：中国中医药出版社，1998.
[5] 赵世臻．实用养鹿法［M］．北京：中国农业出版社，1999.
[6] 马兴树．鹿［M］．北京：中国中医药出版社，2001.
[7] 赵裕芳．茸鹿高产关键技术［M］．北京：中国农业出版社，2013.
[8] 程世鹏，单慧．特种经济动物常用数据手册［M］．沈阳：辽宁科学技术出版社，2000.